U0220793

张连杰　王鹏　林霞 ◎ 著

渤海湾现代沉积特征
及5000年以来沉积环境和古气候演化史

河海大学出版社
·南京·

内容提要

本书基于渤海湾采集的表层沉积物的粒度、碎屑矿物,以及常、微量元素资料,分析了渤海湾现代沉积特征的空间分布并探讨其控制因素,揭示了渤海湾现代沉积与物源输入、沉积动力、物质输运的关系,结合主要河流的物源属性,研究了渤海湾现代沉积的物质来源和物源贡献能力的空间差异。基于渤海湾中部泥质区采集的柱状样沉积物的粒度、矿物,以及常、微量元素资料,以底栖有孔虫 AMS ^{14}C 测年建立年代框架,分析了钻孔沉积特征的时间变化规律,通过替代性指标探索了近 5000 年以来的沉积记录与古气候的冷暖干湿、各物源贡献能力、水动力环境、海平面及氧化还原环境的变迁的响应关系,重建了 5000 年以来渤海湾沉积环境和华北黄河流域古气候的演变过程,综合探讨了沉积环境和古气候演化的控制因素。

图书在版编目(CIP)数据

渤海湾现代沉积特征及 5000 年以来沉积环境和古气候
演化史 / 张连杰,王鹏,林霞著. -- 南京 : 河海大学
出版社,2020.12
　　ISBN 978-7-5630-6609-4

　　Ⅰ. ①渤… Ⅱ. ①张… ②王… ③林… Ⅲ. ①渤海湾
盆地-沉积特征-研究 Ⅳ. ①P942

中国版本图书馆 CIP 数据核字(2020)第 246844 号

书　名	渤海湾现代沉积特征及 5000 年以来沉积环境和古气候演化史	
	BOHAIWAN XIANDAI CHENJI TEZHENG JI 5000NIAN YILAI CHENJI HUANJING HE GUQIHOU YANHUASHI	
书　号	ISBN 978-7-5630-6609-4	
责任编辑	张心怡	
责任校对	金　怡	
封面设计	张世立	
出版发行	河海大学出版社	
地　址	南京市西康路 1 号(邮编:210098)	
电　话	(025)83737852(总编室)　(025)83786934(编辑室)　(025)83722833(营销部)	
经　销	江苏省新华发行集团有限公司	
排　版	南京布克文化发展有限公司	
印　刷	广东虎彩云印刷有限公司	
开　本	700 毫米×1000 毫米　1/16	
印　张	10.25	
字　数	206 千字	
版　次	2020 年 12 月第 1 版	
印　次	2020 年 12 月第 1 次印刷	
定　价	52.00 元	

前言

　　渤海湾是陆地与海洋强烈相互作用下的典型海湾,其物源供应以黄河占主导地位,滦河和海河次之。渤海湾物质的输入、运移、再分配受多种因素影响,各因素的影响途径和影响能力有明显差异。5000年前华夏文明开始兴起,黄河流域则是古文明的主要发祥地之一,以渤海湾泥质区钻孔为研究材料,研究古气候和海洋环境的变迁,具有重要的科学和人文意义。本书以黄河、滦河、海河等多物源供应下的渤海湾为研究区,探讨了各物源对现代沉积在空间上的物质贡献能力分布,以及对古沉积在时间上的物质贡献能力演变;以全新世最大海侵后为研究时段,通过渤海泥质区的沉积记录,揭示自华夏文明兴起以来华北黄河流域的古气候和沉积环境的变迁史。探索了5000年以来的极端气候事件(如5000 a B. P. 的降温事件、4200 a B. P. 的快速暖湿事件、4300—3600 a B. P. 的滦河流域降水突增事件)在渤海湾沉积记录的新证据。发现并探索了新的气候极端事件(3600—3400 a B. P. 的极端冷干事件、3000—2800 a B. P. 的极端暖湿事件)。

　　本书由张连杰、王鹏、林霞根据张连杰博士论文框架改写而成。全书共8章内容,分别就渤海湾沉积环境演化研究现状与存在问题、自然环境概况、研究材料与方法、渤海湾现代沉积特征及其环境意义、渤海湾古沉积环境和气候演化、渤海湾现代沉积及古沉积环境演化控制因素等进行了较为系统的阐述。非常感谢中国海洋大学赵广涛教授、吴建政教授的指导和修改,感谢中国海洋大学李广雪、韩宗珠、陈文文及国家海洋局第一海洋研究所、国家海洋局北海分局等为样品测试开展的大量工作,感谢国家海洋环境监测中心张盼、赵博、闫吉顺及中国海洋大学朱龙海、胡日军、姜胜辉等在书稿形成过程中进行的资料整理、制图和校对工作。

　　本书可作为高等院校相关专业本科及研究生参考用书,同时可为从事海洋地质学、古气候学、第四纪地质学的科研工作者提供参考。受作者能力水平限制,书中难免存在瑕疵和疏漏之处,敬请同行专家和读者不吝指正!

作　者

2020 年 3 月

目 录

第 1 章　　绪 论

1.1　背景

　　渤海湾位于渤海的西部,华北平原的东缘,它与辽东湾和莱州湾共同组成了渤海的三大海湾。渤海湾沿岸,入海河流密布。其南侧有中国第二长河——黄河及由多条发育于黄河三角洲的短途河流组成的黄河水系,西侧有河道密布的海河水系,北侧有由古滦河流路及现代滦河组成的滦河水系,大大小小的河流入海口多达 30 余处。渤海湾是陆地与海洋强烈相互作用下的典型海湾,其物源供应具有"一超多强"的特点,"一超"指对沉积物物源具有控制地位、影响巨大的黄河,"多强"指滦河、海河及众多短源河流。海湾周边还发育有典型的三角洲沉积体——黄河多期三角洲、滦河多期三角洲及海河三角洲。

　　由于在地质历史时期经历了复杂而剧烈的海陆变迁(如全新世的海侵及海退、三角洲的进积等),渤海湾沿岸留下了大量的沉积物及古生物记录,如渤海湾西岸的海相陆相交替沉积层、西岸及南岸的贝壳堤、西北岸的牡蛎礁、南岸的黄河三角洲等,其中蕴藏着大量的古环境信息,因此渤海湾成为了海洋沉积研究的热门海域。现有的研究绝大多数聚焦于晚更新世以来的沉积记录,以及由此指示的海陆沉积相及其演化史、海平面变化和岸线变迁,并且已经有了较多成熟的研究成果,但绝大多数都来源于现今的陆地区域,如渤海西岸、南岸和北岸,而对渤海湾中东部泥质区的研究相对较少。泥质区为相对稳定的浅海沉积环境,沉积速率相对较低且受人类活动和陆域剧烈外力地质作用的影响弱,在沉积环境研究上具有一定优势。

　　与对古沉积环境的大量研究相比,针对现代沉积的研究则相对较少,主要聚焦在近代岸线变迁、沉积动力环境、沉积物的元素地球化学分布及重金属污染状况等方面。

　　然而,目前针对渤海湾现代沉积及其全新世环境演化仍存在几个科学问题:一是针对多因素影响下的物质的输入、运移、再分配,以及各因素的影响结果和影响能力,仍没有综合全面的探讨;二是由于渤海湾"一超多强"物源输入的此消彼长,针对各物源对渤海湾沉积物的现代贡献能力和地质历史时期贡献能力变化尚未有细致研究;三是针对自渤海湾全新世最大海侵以后,古气候及海洋环境演化在渤海湾泥质区的沉积响应,仍缺乏较深入的研究。

本书采用中国近海海洋综合调查在渤海湾获取的表层及柱状沉积物样品的粒度、碎屑矿物和常微量元素的实验数据,分析了渤海湾现代沉积的粒度、碎屑矿物、元素地球化学等沉积特征,研究了各物源物质贡献能力对现代沉积在空间上的分布,探讨了现代沉积特征的空间分布规律及其控制因素。以柱状样有孔虫 AMS[14]C 测年数据建立年代框架,基于替代性指标,探索了沉积记录与古气候冷暖干湿变化、物源变化、氧化还原环境变迁、海平面变化及岸线变迁的响应关系,重建了 5000 年以来的气候和沉积环境演化过程,探索了各物源对古沉积在时间上的贡献能力演变。

全新世尤其是中全新世以来,气候的渐趋温暖湿润,为古文明的起源与发展创造了适宜的条件。农业文明的兴起等人类历史上具有里程碑意义的事件都在此时期完成(王海峰,2012),全新世与人类文明是息息相关的。而在当前,已经出现了许多令人担忧的问题,如全球变暖、海平面上升、南极冰盖的断裂与融化、反常的厄尔尼诺-南方涛动(ENSO)等,人类文明对于漫长的地质历史来说只不过是一个小插曲,但人类文明的出现及发展正在对地球进行着日益剧增的改变,这也势必扰动了自然条件下的演化进程。未来的气候会怎样演化?人类生存环境会否面临威胁?对过去的地质历史环境和古气候进行研究,以发现某些内在的规律,对于未来气候和环境演化有着重要的科学意义。

1.2　现状与问题

1.2.1　渤海湾现代沉积环境研究

渤海湾现代沉积环境的现有研究主要集中在沉积动力环境与地貌、现代岸线变迁、三角洲的现代演化、物源来源和物质扩散、元素分布的环境指示和重金属污染评价等方面。

在沉积动力环境与地貌方面,耿秀山等(1983)对渤海湾的海湾地貌进行了概括性论述;天津市海岸带和海涂资源综合调查领导小组办公室(1987)对天津市海岸带地貌进行了综合的调查研究。表层沉积物是主要的研究材料(王安龙,1986;恽才兴,2001)。耿岩(2009)基于单波束测深、白大鹏等(2011)基于声呐测量,各自调查了渤海湾北部水下潮流脊-槽地貌分布,并结合粒度和潮流特征,研究了水下地貌的成因。曹妃甸海区由于独具特色的动力地貌,是研究的热点地区,如通过沉积物粒度及矿物分布特征,研究冲刷深槽(朱大奎等,2007;季荣耀等,2011;褚宏宪等,2016;褚宏宪等,2016)、滨外沙坝-泻湖沉积体系(王月霄等,1995;贾玉连等,1999;闫新兴等,2007;祝贺等,2016;刘宪斌等,2016)及沙岛间潮汐叉道(张忍顺,1995;张忍顺等,1996;张宁等,2009;黎刚等,2011)的沉积动力特征,揭示了海洋动力对古滦河口沉积体系的现代改造下的演化特征。由于近年来渤海湾沿岸的开发活动较多,沿岸工程建设对沉积动力环境产生了较大的影响(陆永军等,2007;侯庆志,2013;宋竑霖等,2017)。

对于渤海湾现代岸线的变迁状况,研究手段多通过多年的卫星遥感影像的岸线提取与对比(姜义等,2003;Jiang Y. et al.,2003;Zheng G. et al.,2011;张立奎,2012;朱高儒等,2012;杨伟,2012;孙晓宇等,2014;Zhu A. L. et al.,2014;孙百顺等,2017),或基于海岸和三角洲水下岸坡剖面实测对比(王艳等,1999;马妍妍,2008),这些研究总体上展现了渤海湾自然条件下的蚀退为主、局部淤进,以及由人类活动导致的岸线向海推进。针对渤海湾的现代沉积速率及潮间带淤积状况的研究(施建堂,1987;杜瑞芝等,1990;孟伟等,2005;李建芬等,2007)显示,渤海湾西岸尤其是海河以北以淤积为主,南岸的沿岸及水下岸坡发生大规模侵蚀,成为表层沉积物的重要来源。

在物源来源和物质扩散方面,多年来,学者对于物源进行了大量研究,探索了黄河、滦河和海河三条大型河流入海物质的粒级组成、矿物类型及含量、常微量元素及稀土元素的含量等特点,并基于此进行了物源贡献判定(范德江等,2002)和物质扩散(张爱滨等,2015)研究。黄河是渤海湾物质的主要来源,方解石是黄河沉积物的重要特征矿物,CaO被广泛地应用于黄河物质扩散的研究中(孙白云,1990;李国刚等,1991)。整体来看,北部粗粒沉积区物源主要来自滦河,西北部近岸河口物源受海河控制,西南部、南部和中部的大部分海域以黄河物质为主(韩宗珠等,2011;韩宗珠等,2013;魏飞,2013;冯秀丽等,2015)。黄河物质中粗粒部分主要沉积在近岸河口及水下岸坡,细粒部分则可以被搬运到外海(杨作升等,1985),潮流、余流、风暴潮等海洋动力要素是控制物质运移的主要因素。黄河口的泥沙在洪枯季节综合的结果是向东北方向扩散,并且在目前的河口海洋动力条件下大约有40%的泥沙输往深海(胡春宏等,1996)。现状条件下,由于黄河入海泥沙量骤减,河流物源供应不足,海岸均衡调整形成的泥沙补给源,遥感反演显示渤海湾南部的黄河三角洲近岸的悬浮泥沙含量最高

(图 1.2-1),河口区域的水下三角洲和浅海区的侵蚀已成为西岸的河口及岸滩发生淤积的主要泥沙来源(李建芬等,2007)。

在沉积物地球化学研究方面主要包含两个研究主题:一是通过常微量元素、稀土元素(Xu Y. Y. et al. , 2010;Zhang Y. et al. , 2014;Zhang Y. and Gao X. , 2015)或有机碳、氮(朱纯等,2005;Gao X. et al. , 2012)研究元素的分布及环境指示意义;二是针对沉积物(Meng W. et al. , 2008;Duan L. et al. , 2010;Zhan S. et al. , 2010;Gao X. and Chen C. A. , 2012;Qin Y. W. et al. , 2012;Hu B. et al. , 2013)或悬浮物(Tian L. et al. , 2010)中重金属的含量分布,研究重金属的来源、富集状况、控制因素及生态风险。

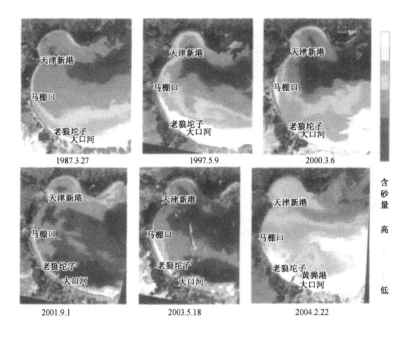

图 1.2-1 遥感反演的渤海湾悬浮泥沙分布(李建芬等,2007)

1.2.2 渤海湾古沉积环境研究

渤海湾古沉积环境研究方面,古海平面变化及古海岸线变迁是热点,还有对地层的沉积相以及古气候演化的研究。

16—15 ka B. P. 的晚玉木极盛时期,海平面一度下降到−160～−150 m,随着冰期末冰后期初气候的迅速变暖,海平面急剧上升(赵希涛等,1979)。全新世以来,海平面仍处于迅速上升时期(赵希涛等,1985),6000 a B. P. 左右达到最高海面(李建芬等,2015),当时的海平面比现今海面高约 2～4 m。6000 a B. P. 以来海平面表现为小幅度波动下的整体下降,高度变化介于 $+1～-2$ m 之间(李建芬等,2015)。

由于渤海湾地质历史时期经历了复杂而剧烈的海陆变迁,渤海湾沿岸留下了大量的沉积物及古生物记录,其中蕴藏着大量的古环境信息,因此,渤海湾成为海洋沉积研究的热门海域。许多学者和单位对渤海湾开展了成系列的深入研究,研究时期多为晚更新世或全新世以后,如中国地质调查局天津地质调查中心王宏、陈永胜、李建芬等。研究的对象主要为孢粉植被(白玉川等,2011;陈金霞等,2012)、硅藻(商志文等,2010)、底栖有孔虫(陈文文,2009)、介形虫化石(吴忱等,1982;王强,1982;王强等,1983)、元素地球化学(盛晶瑾,2010;宫少军等,2014)、磁性特征(裴艳东等,2016)、埋藏贝壳堤与牡蛎礁等,研究了海陆相沉积层序、三角洲的进积(师长兴,1989)、古气候变迁史(商志文等,2013;商志文等,2016)。

自中全新世以来,在渤海湾沿岸留下了多道独特的古岸线遗迹——贝壳堤与牡蛎礁。贝壳堤与牡蛎礁被认为是岸线稳定阶段的产物,由于沿岸河流的物质供给量突然增强,如三角洲的进积等,而被厚厚的沉积物覆盖。渤海湾西岸以海河为界分为贝壳堤平原和牡蛎礁平原两部分。多位学者基于生物壳体的 ^{14}C 测年对海河以北的牡蛎礁平原(范昌福等,2005;范昌福等,2005;王宏等,2006;范昌福等,2007;范昌福等,2008;王海峰等,2011;方晶等,2012;王海峰,2012;岳军等,2012)和海河以南的贝壳堤平原(赵希涛等,1980;徐家声,1994;武羡慧等,1995;王宏等,2000;王宏等,2000;王宏等,2000;高玉巧等,2003;王强等,2007;苏盛伟等,2011;岳军等,2012;李建芬等,2016)开展了大量研究,对贝壳堤和牡蛎礁的时空分布取得了较为详细和全面的认识(岳军等,2012)。贝壳堤和牡蛎礁均形成于全新世时期的渤海湾西岸的海岸带,而且贝壳堤与牡蛎礁的发育和掩埋具有同期性,并于海平面变化和气候变化具有一定相关联系(王宏,1996;刘宪斌等,2005;王宏等,2011)。贝壳堤和牡蛎礁作为古岸线的标志产物,被用于渤海湾中全新世以来岸线变迁的研究中(庄振业等,1991;肖嗣荣等,1997;薛春汀,2009)。薛春汀(2009)根据贝壳堤和牡蛎礁的时空分布,恢复了 7000 年来渤海西岸和南岸的海岸线变迁(图 1.2-2),认为三角洲尤其是黄河三角洲对海岸线变迁起主导控制作用,即使海面存在微小波动,降低三角洲进积的速度,也不会改变进积导致岸线变迁的整体格局。

渤海湾全新世贝壳堤和牡蛎礁被视作重建海面变化的标志点,据此可以恢复全新世的相对海平面变化(高善明等,1984;徐家声,1994;贾艳杰,1996;阎玉忠等,2006;岳军等,2011;陈永胜等,2016),全新世最大海侵后海平面整体下降,局部波动(图1.2-4)。

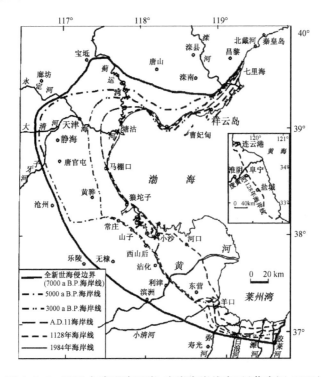

图 1.2-2　7000 年来渤海西岸、南岸海岸线变迁(薛春汀,2009)

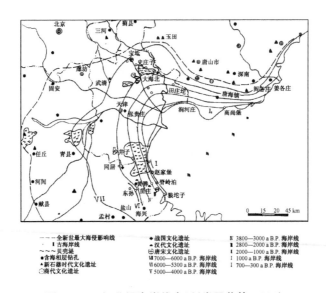

图 1.2-3　河北沿海岸线变迁(肖嗣荣等,1997)

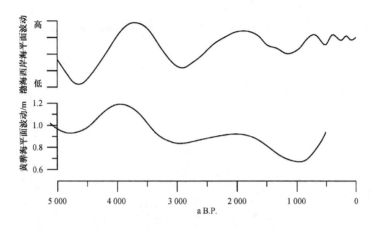

黄骅海平面波动(徐家声,1994),渤海西岸海平面波动(岳军等,2011)

图 1.2-4　渤海湾 5000 年以来海平面波动

　　现有古环境研究的钻孔资料多取自现今陆域,如西岸的贝壳堤及牡蛎礁平原、南岸黄河三角洲、北岸的滦河平原等,而在渤海湾中部泥质区的钻孔则较少。西岸由于地质历史时期经历过复杂的海陆变迁,其优势是可观察到河湖相、潮坪相、浅海相等多种沉积相的地层,因而得到众多学者的青睐。然而这些区域也具有一定缺陷,由于靠近岸线,沉积速率受三角洲的进积影响大,沉积速率变化大,而渤海湾中东部处于泥质区,沉积速率相对低且稳定,而且不易受到沿岸人类活动及陆域风化侵蚀的干扰,在研究沉积环境变迁时有独特的优势。

1.2.3　黄河入海流路变迁及黄河三角洲演化研究

　　黄河是世界闻名的多沙河流,由于下游地势平坦,堆积了大量的沉积物,淤塞河道,所以经常发生改道。6000 a B.P. 以后黄河基本保持在渤海入海,但河道变迁频繁,先后形成了 10 个超级叶瓣(Qiao S. et al., 2011),各三角洲叶瓣的分布和形成时间如图 1.2-5 所示。

1.2.4　滦河入海流路变迁及滦河三角洲演化研究

　　陈雨孙(1982)根据冀东山川的格局、地质地貌、堆积物特性及钻井资料并结合对卫星照片的研究认为,还乡河和沙河曾是古滦河的故道。在晚更新世以前,滦河发生了两次大规模的改道。第一次改道前的滦河原在迁西县西,自还乡河泻入山前平原,堆积了现在的还乡河冲积扇,随后经现代沙河,流入渤海。第一次改道为古沙河改走现代沙河河谷,形成了现在的沙河冲积扇;废弃的主流故道,即被现代还乡河利用,成为一个独立的新水系。但此次改道的入海位

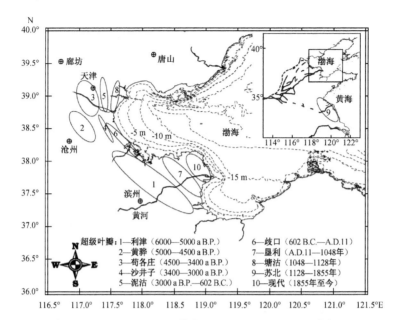

超级叶瓣:1—利津(6000—5000 a B.P.),2—黄骅(5000—4500 a B.P.),3—苟各庄(4500—3400 a B.P.),4—沙井子(3400—3000 a B.P.),5—泥沽(3000 a B.P.—602 B.C.),6—歧口(602 B.C.—A.D.11),7—垦利(A.D.11—1048 年),8—塘沽(1048—1128 年),9—苏北(1128—1855 年),10—现代(1855 年至今)

图 1.2-5　中全新世以来黄河形成的三角洲叶瓣(Qiao S. et al.，2011)

置无较大变化,在现代陡河、沙河一带。滦河的第二次改道为青龙河袭夺古滦河,青龙河的下游成为现代滦河的主流道。在滦县出山,堆积了滦河第三个冲积扇。发源于大五里西北山区的山溪承袭滦河故道,形成现代沙河水系。这样滦河自西向东,依次造了三个冲积扇,即今日的冀东平原(陈雨孙,1982)。

滦河下游河道在现今滦河口的东西两侧摆动,形成了全新世冲积扇。滦河三角洲是多期三角洲的复合体,发育于全新世。它的发育模式是三角洲扇形体从西向东迁移,迁移到复合体东端之后再回到西端,并向前加积,再重复从西向东迁移的过程(褚宏宪等,2016)。全新世早期,古河道在今滦河北部入海。全新世中期约 6000 a B.P.,古滦河经溯河、小青河故道分流入海,建造了三角洲平原和曹妃甸等滨岸沙坝;3700—3400 a B.P.,河道北移经大清河、长河、湖林河入海,建造了以汀流河为顶点的、规模最大的主体三角洲,以及打网岗、月佗、石臼佗等滨岸沙坝;随后河道继续北移,经老米沟、滦河岔入海,形成了以马庄子为顶点的历史晚期三角洲和蛇岗、灯笼铺、大网铺和湖林口沙岗等滨岸沙坝;腰庄-莲花池村为顶点的最新三角洲,是近一百多年来的堆积体(高善明,1981),见图 1.2-6。

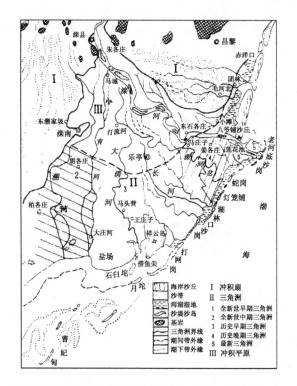

图 1.2-6 全新世滦河河道变迁和三角洲分布(高善明,1981)

1.2.5 主要科学问题

已有的对渤海湾的研究主要集中于沉积动力地貌、物源及沉积物输运、陆海沉积相演化、古岸线变迁和海平面变化等方面。但是,针对渤海湾的现代沉积特征及 5000 年以来的沉积环境演化方面仍存在几个科学问题有待于进一步研究:一是针对多因素影响下的物质的输入、运移、再分配,以及各因素的影响方式和影响能力,仍没有综合全面的探讨;二是由于渤海湾入海河流物源输入的此消彼长,针对渤海湾各物源在现代对表层沉积在空间上的贡献能力差异和在地质历史时期对古沉积在时间上的贡献能力演化尚未有细致研究;三是针对全新世最大海侵以后,古气候及沉积环境演化在渤海湾泥质区的沉积响应,仍缺乏深入的研究。

1.3 内容与路线

本书根据渤海湾区域调查资料,对表层沉积物和柱状样沉积物的粒度特征、碎屑矿物特征、常微量元素特征进行综合分析,探讨现代沉积特征的空间分布规律及其控制因素;通过替代性指标,探索沉积记录与古气候冷暖干湿变化、物源变化、氧化还原环境变迁、海平面变化的响应关系,揭示 5000 年以来的古气候和沉积环境演化过程。根据各河流的物源属性,探讨各物源对现代沉积在空间上的物质贡献能力分布,以及对古沉积在时间上的物质贡献能力演变。主要研究内容如下。

（1）渤海湾现代沉积环境研究

基于沉积物粒度、碎屑矿物、常微量元素等指标,分析现代沉积特征的空间分布并探讨其控制因素,揭示与物源输入、沉积动力、物质输运的关系。结合主要河流的物源属性,研究渤海湾现代沉积的物质来源和物源贡献能力的空间差异。

（2）渤海湾 5000 年来沉积环境演变

根据柱状样有孔虫 AMS^{14}C 测年数据建立年代框架,基于粒度、碎屑矿物及常微量元素,通过替代性指标,探索沉积记录与古气候冷暖干湿变化、氧化还原环境变迁、海平面变化的响应关系,揭示 5000 年以来的气候和沉积环境演化过程。结合主要河流的物源属性,研究各物源对古沉积在时间上的贡献能力演变。

本书的研究工作技术路线示于图 1.3-1。

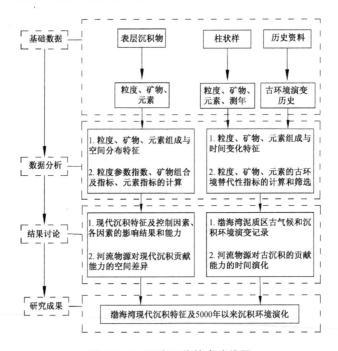

图 1.3-1　研究工作技术路线图

第 2 章　渤海湾自然环境概况

2.1　地理位置

渤海湾位于渤海西部,东北侧为辽东湾,东南侧为莱州湾。渤海湾三面环陆,北侧为滦河平原,西侧为海河平原,南侧为黄河三角洲平原。本书的研究区——渤海湾地理位置如图 2.1-1 所示。

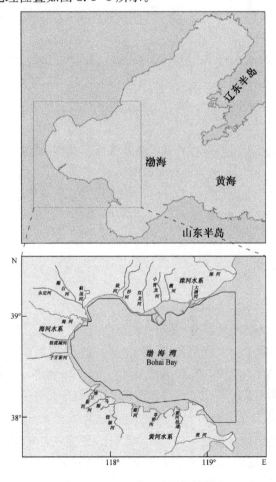

图 2.1-1　研究区地理位置图

2.2 气候概况

渤海湾属于中纬度大陆性季风气候。

(1) 气温

渤海湾海域四季分明,年温差大。根据塘沽海洋站 1996—2005 年的气温资料,年均气温 13.1 ℃,极端最高气温 40.9 ℃,极端最低气温－13.5 ℃。年均温差 30 ℃以上。

(2) 降水

多年统计年平均降水量为 363.7 mm。降水的季节差异大,夏季的 7 月、8 月为多雨期,占 58%;冬、春季的 12 月至次年 3 月为少雨期,仅占约 3%(陶常飞,2008;王凯,2010)。

(3) 风况

曹妃甸海域的冬季常风向为 NW 向,频率为 17%,其次为 W 和 E,出现频率都为 10%。夏季与冬季相反,多集中在 S-SE 向。

渤海湾西岸的常风向为 S 向,次常风向为 E 向;强风向为 E 向,次强风向为 ENE 向。

渤海湾南岸的常风向为 SW 向,频率为 11.37%,次常风向为 E 和 ENE 向,频率分别为 8.88%和 6.91%;强风向为 ENE 向。

冬、春两季大风频率高,约占 61%。大风的风向,冬季以 N 和 NW 为主,夏季以 S 为主,SW 与 SE 次之。

2.3 水文概况

(1) 波浪

渤海湾的波浪以风浪为主,浪向受风向影响。

据曹妃甸统计资料,常浪向为 S 和 SE 向,出现频率分别为 8.62%和 6.41%;强浪向为 ENE 和 NE,最大波高 4.9 m(季荣耀等,2011)。

据塘沽海洋站资料,常浪向为 ENE 和 E 向,频率分别为 9.68%和 9.53%;强浪向为 ENE 向,$H_{4\%} \geqslant 2.0$ m 波高的频率为 2.24%。

据滨州港观测资料,常浪向为 ENE 和 E 向,频率分别为 16.22%和 14.54%;强浪向为 ENE 向,$H_{4\%} > 2.0$ m 波高的频率为 0.94%,其次为 WSW 向,$H_{4\%} > 2.0$ m 波高的频率为 0.33%。

据东营港气象站资料,常浪向为 NE 和 SE 向,频率分别为 10.3% 和 8%。强浪向为 NE 向,最大波高为 5.2 m。

渤海湾中部 1972—1984 年的波浪观测资料统计显示,冬季波高最大,夏季波高最小(孙连成,1991),见表 2.3-1。

表 2.3-1　渤海湾中部波高的季节性变化统计(孙连成,1991)

季节	大于等于 1 m 波浪频率/%	平均波高/m
春	18.2	0.60
夏	13.4	0.50
秋	23.0	0.63
冬	26.0	0.66

(2)潮汐

渤海湾的潮汐类型以不正规半日潮为主。平均潮差为 2～3 m,大潮潮差约为 4 m,最大可能潮差出现在渤海湾湾顶的塘沽附近,最大可达 5.1 m,落潮的延时大于涨潮的延时(张立奎,2012)。

渤海湾南岸的黄河口周围潮汐类型属于正规全日潮。1936 年,日本潮汐学家小仓伸吉发现了黄河口存在 M_2 分潮的无潮现象。侍茂崇等(1985)进行了详细研究,认为不是一个无潮点,而是存在一个 M_2 分潮的无潮带。其位置大致位于神仙沟口($38°06'N,118°56'E$)和东烂泥南($38°04'N,118°59'E$)之间,向东北方向延伸。该海区潮差主要由全日潮 K_1、O_1 分潮控制,平均潮差仅为 0.60～0.75 m。

(3)潮流

渤海湾西南侧绝大部分海域的潮流类型以正规半日潮流为主,仅东北部曹妃甸的东侧为不正规半日潮流。

渤海湾北部海域潮流运动形式为往复流,涨潮流向西,落潮流向东,与等深线大致平行,涨潮流占优势地位。潮流的平均流速,大潮涨潮为 40～60 cm/s,大潮落潮为 35～50 cm/s,小潮涨潮为 25～40 cm/s,小潮落潮约为 25 cm/s(祝贺,2016)。曹妃甸深槽潮流动力强,甸头潮差为 1.7 m,实测大潮涨潮最大流速为 1.24 m/s,落潮最大流速为 0.94 m/s(季荣耀等,2011)。渤海湾北部沿岸的余流指向西(白大鹏,2011)。

黄河三角洲沿岸属于正规半日潮流,由于无潮区的存在,海水势能转变为动能,使得这个海区成为一个南北约 40 km、东西约 20 km 的高流速区。强流带水深在 6～20 m 等深线之间,向岸水深变浅流速变小。无潮带实测最大流速为 110 cm/s,峰值出现在表层,最大流速可达 120 cm/s。黄河口潮流的运动形式为典型的往复流,流向平行于海岸,流向 150°～330°,NW 向流速大 SE 向流速约 10%,潮余流指向西北(侍茂崇等,1985)。

（4）环流

渤海湾里的环流为双环结构,自渤海海峡进入渤海的黄海暖流分支沿渤海湾北岸向西进入渤海湾,形成逆时针运动的洋流;黄河水的注入形成沿岸流,沿渤海湾南岸向西顺时针运动;北部的逆时针洋流和南部的顺时针洋流于海河口发生交汇,自渤海湾西岸向东运动,流向渤海湾的中部海区(赵保仁等,1995)。

2.4　周边河流

渤海湾入海河流众多,大型河流有 3 条,分别为黄河、滦河、海河,还有众多短源河流。

（1）黄河

黄河发源于青藏高原,青海省的巴颜喀拉山脉,向东流经黄土高原,转向华北平原,在山东垦利县入渤海,全长约 5 464 km,流域面积约 75 万 km²,是中国第二长河。由于中段流经黄土高原携带了大量泥沙,所以黄河被称为世界上含沙量最大的河流。根据利津站(黄河入海水沙控制站)1950—2009 年的水沙数据,黄河口入海年均径流量为 301.1×10^8 m³,年输沙量为 7.45×10^8 t,年均含沙量为 22.71 kg/m³。

1855 年,黄河决口夺大清河在利津入渤海,之后经历数十次决口改道,逐渐形成了现代黄河三角洲。1953 年以后,对黄河进行了有计划的人为改道:1953 年由神仙沟入海,1964 年由刁口河入海,1976 年由清水沟入海,1996 年经调整由清 8 汊河入海,为现今流路。近些年,在每年的 6—7 月采取汛前调水调沙措施,排泄水库及下游河道淤积的泥沙。

（2）滦河

发源于河北省丰宁县西北,巴延屯图古尔山的北麓,向西北经坝上草原至隆化县,然后南流至潘家口过长城,后经迁西县、迁安市、卢龙县、滦县、昌黎县、在乐亭县南兜网铺注入渤海。滦河源远流长,全长约 877 km。沿途接纳许多支流,如小滦河、兴洲河、伊逊河、武烈河、老牛河、柳河、瀑河、潵河及青龙河。支流中流域面积最大的是伊逊河,长度和水量最大的是青龙河。

滦河流域 90% 以上为山区。伊逊河、武烈河、长河等流域有较多黄土分布,加上不合理的开垦,水土流失加剧,含沙量增多。伊逊河及蚁蚂吐河是滦河泥沙主要源地之一,其他支流的含沙量略少。滦河流出燕山,至滦县站含沙量降低。滦县以下为平原,流速减缓,含沙量又有所减少,但由于下游河道短,挟沙水流很快人海并在河口堆积,形成滦河三角洲。据统计资料,滦河多年平均年径流总量为 48×10^8 m³,年平均输沙量为 2.1×10^7 t。但在引滦工程、水库建设等人类活动的影响下,入海径流量和输沙量有所减少。

（3）海河

海河为华北最大的水系,主要由五大支流潮白河、永定河、大清河、子牙河、南运河汇合而成。海河干流又称沽河,自天津到大沽口入渤海湾,全长 1 050 km,流域总面积为 31.82×10^4 km²。

海河支流之一的永定河上游经黄土高原,河水含沙量大。据 2007 年水利部发布的《中国河流泥沙公报》,海河多年平均径流量为 15.62×10^8 m³,多年平均输沙量约为 $1 870 \times 10^4$ t。

2.5　地质地貌

（1）地质构造

渤海湾地处中生代古老地台活化地区,北部为燕山褶皱带,南部为渤海湾盆地。周边发育有冀中、黄骅、渤中三个凹陷带,及沧县、埕宁 2 个隆起带(张洪涛,2011),见图 2.5-1。渤海湾经历了中生代以来各个地质时期的构造运动和地貌演变后形成湖盆,湖盆内部广泛发育有同沉积生长断裂,湖盆上方覆有约 $1 \sim 7$ km 的巨厚沉积层(张立奎,2012)。

（2）地形地貌

渤海湾地貌复杂,极具差异性(图 2.5-2)。渤海湾的南部近岸主要是黄河水下三角洲及黄河古河道地貌;西部近岸为海河水下三角洲地貌;渤海湾的中部为海湾三角洲平原,整体上水深较浅,海底相对平坦;渤海湾的北部则较为复杂,近岸为以曹妃甸为代表的古滦河三角洲前缘的沙坝-泻湖地貌,外侧则为潮沟和沙脊群,伴随着自西向东的古河道(耿秀山等,1983)。

渤海湾北部发育了丰富的潮流地貌。北岸为向海的突出的陆地(南堡),为古滦河的海积平原;南堡近岸为一冲刷深槽,深度可达 -10 m。基于单波束测深的调查研究资料显示(耿岩,2009),在南堡南侧向外侧还发育有 2 条沙脊和 1 条潮沟,走向为 NW-SE,脊高较小,仅 $1 \sim 2$ m,整体与岸平行。白大鹏等(2011)通过基于声呐的调查也发现了相间的沙坝-沟槽地貌,并发现了沙波纹、

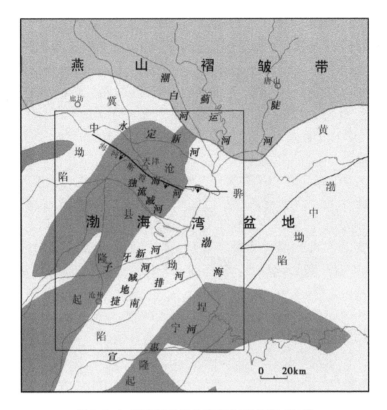

图 2.5-1　渤海湾地质构造背景(张洪涛,2011)

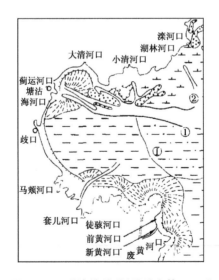

图 2.5-2　渤海湾地貌(耿秀山等,1983)

冲蚀地貌、蚀余地貌等微地貌。

　　渤海湾东北部包含 3 个地貌单元(图 2.5-3),南堡海岸地貌体系、曹妃甸外侧深槽地貌体系、曹妃甸沙岛群及后方泻湖地貌体系(褚宏宪等,2016)。这系列沉积体系为全新世古滦河在此入海时形成的古滦河三角洲,经现代水动力条件改造而成。曹妃甸沙岛前沿海区原为一始自海河口且伸向渤海海峡的构造深槽,后发育为水下河谷并淤积,当滦河三角洲推进到附近时,该深槽在一定程度上延阻了三角洲的向前推进(季荣耀等,2011)。曹妃甸沙岛群由曹妃甸、腰坨、蛤坨和东坑坨等沙岛构成,沙岛群呈 NE-SW 走向。这系列断续相连的沙岛被认为是三角洲前缘的沙咀和水下沙坝,沙岛群中以曹妃甸规模最大。曹妃甸又名沙留汀、沙滔甸、沙垒浅滩,传说为唐朝李渊征战于此时,曹妃病逝后葬于此而得名。曹妃甸在古代时规模很大,据清光绪年间《滦州志》记载,曹妃甸"在海中,距北岸四十里,……甸系沙坨,东西长七里余,南北宽四里余"。近代由于滦河逐步向北改道入海,物质供应不足,导致了沙岛群的退化。高潮时仅中央沙堤出露,大潮时全部淹没。沙岛与北岸的海积平原之间为宽阔而平缓的泻湖,发育淤泥质浅滩。由于泥沙不断被侵蚀,泻湖纳潮量增大,潮流的冲刷作用使泻湖内和各沙岛间形成很多潮流地貌。例如,沙岛间的水道向泻湖内的出口处发育了涨潮流水下三角洲微地貌,曹妃甸西侧及蛤坨东侧伸向庄河口的

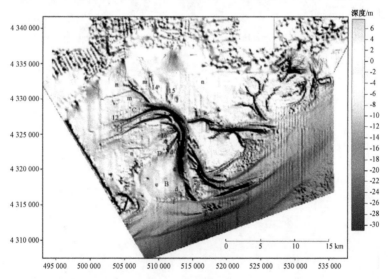

A:口门;B:落潮流三角洲(a—落潮主水道,b1—涨潮流水道,b2—落潮流水道,c—边缘坝或冲流坝,d—分流水道,e—冲流平台,f—末端坝,g—分割沙坝);C:涨潮流三角洲(k—涨潮主水道,11~15—分支水道,16—落潮流水道,m—浅滩或沙脊,n—潮滩);D:滨外沙坝;R:浅海潮流沙脊。
本图据 2006 年水深图绘制。

图 2.5-3　曹妃甸海域地貌(黎刚等,2011)(单位:m)

冲刷深槽,水深可达 $-15 \sim -10$ m(闫新兴等,2007)。渤海湾水深地形如图
2.5-4 所示。

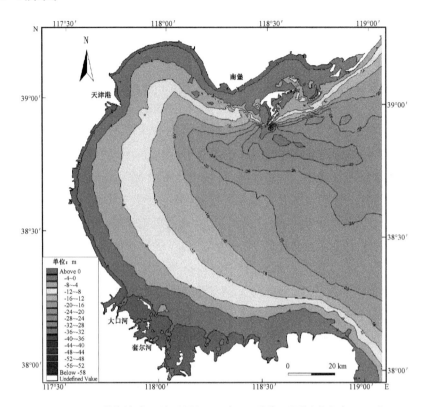

图 2.5-4　渤海湾水深地形图(1984 年,平均海平面)(张立奎,2012)

第3章　研究材料与研究方法

3.1　研究材料

本书的表层沉积物和柱状样沉积物来源于中国近海海洋综合调查在2008年由中国海洋大学与国家海洋局北海分局于渤海湾开展的调查。

（1）表层沉积物

表层沉积物样品1 154个，通过抓斗式采泥器获取（图3.1-1）。所有样品全部进行了粒度分析测试。选取其中309个样品进行碎屑矿物鉴定分析与元素地球化学分析测试（图3.1-2）。表层沉积物样品的测试分析情况见表3.1-1。

表3.1-1　表层沉积物样品测试分析情况

类型	粒度	碎屑矿物	常、微量元素
数量/个	1 154	309	309

（2）柱状沉积物

B83孔位于渤海湾中部泥质区（38°36′N,118°52′E）（图3.1-1），柱状样由中国海洋大学利用重力式取样器获取。钻孔总长282 cm，取样间隔10 cm，部分段有加密取样（表3.1-2）。粒度分析与碎屑矿物分析选取各层0~2 cm进行，元素地化分析选取各层0~4 cm进行。

表3.1-2　柱状样分析测试情况汇总

位置	粒度/个	矿物/个	元素地球化学/个
38°36′N 118°52′E	29	23	23

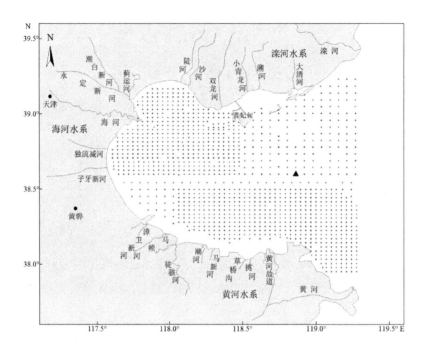

图 3.1-1　渤海湾表层沉积物粒度站位与钻孔位置图

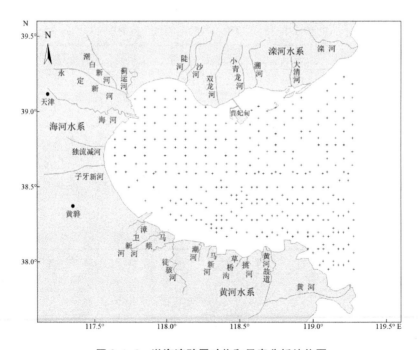

图 3.1-2　渤海湾碎屑矿物和元素分析站位图

3.2 研究方法

3.2.1 粒度分析方法

3.2.1.1 分析方法

粒度分析在中国海洋大学海底科学与探测技术教育部重点实验室与国家海洋局北海分局完成。各站位取用最表层的 5 cm 样品进行粒度分析,大于 2 mm 的样品采用传统的样品筛+吸液法,小于 2 mm 的细颗粒沉积物采用 Mastersizer 2000 激光粒度仪。主要步骤为:(1) 取适量样品放入烧杯;(2) 加 15 mL 30%的双氧水,浸泡 24 h;(3) 加 5 mL 3 mol/L 的稀盐酸浸泡 24 h;(4) 对样品进行离心和洗盐处理三次,用超声波振荡分散后进行测试。

3.2.1.2 沉积物分类与命名

本书采用由 Folk R. L. et al.,(1970)提出的方法进行沉积物分类和命名,分类方法如图 3.2-1 所示。

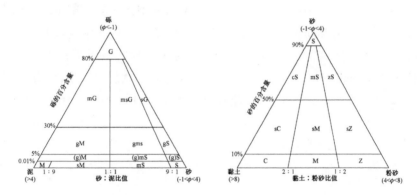

图 3.2-1 沉积物分类及命名方法(Folk R. L. et al. , 1970)

3.2.1.3 粒度参数计算

本书选择 Mcmanus J. (1988)的方法进行粒度参数计算与分级,方法如下:

平均粒径:
$$\overline{X} = \frac{\sum_{i=1}^{n} X_i f_i}{100}$$

分选:
$$\delta = \sqrt{\frac{\sum_{i=1}^{n} (X_i - \overline{X})^2 f_i}{100}}$$

偏度:
$$Sk = \sqrt[3]{\frac{\sum_{i=1}^{n} (X_i - \overline{X})^3 f_i}{100}}$$

峰度:
$$Ku = \sqrt[3]{\frac{\sum_{i=1}^{n} (X_i - \overline{X})^4 f_i}{100}}$$

其中:n 为粒级组分数,X_i 为第 i 组粒级的中值粒径,f_i 为第 i 组粒级的百分含量。

表 3.2-1　矩法粒度参数定性描述(Mcmanus J.,1988)

分选		偏度(偏度)		峰度(峰态)	
分选系数值	定性描述术语	偏度值	定性描述术语	峰态值	定性描述术语
<0.35	分选极好			<0.72	非常窄
0.35~0.50	分选好	<−1.50	极负偏	0.72~1.03	很窄
0.50~0.71	分选较好	−1.50~−0.33	负偏	1.03~1.42	中等
0.71~1.00	分选中等	−0.33~0.33	近对称	1.42~2.75	宽平
1.00~2.00	分选较差	0.33~1.50	正偏	2.75~4.5	很宽平
2.00~4.00	分选差	>1.50	极正偏	>4.5	非常宽
>4.00	分选极差				

3.2.2　碎屑矿物鉴定分析方法

碎屑矿物鉴定在中国海洋大学海底科学与探测技术教育部重点实验室与国家海洋局第一海洋研究所完成。主要步骤为:(1) 在烧杯中放入 10 g 烘干后的样品,加 10 ml 浓度为 0.5 mol/L 的六偏磷酸钠溶液,搅拌后煮沸;(2) 冷却后,依次过 0.063 mm 和 0.125 mm 筛,期间用蒸馏水反复冲洗;获得 0.063~0.125 mm 粒级的样品进行碎屑矿物分析;(3) 称重后,用三溴甲烷重液($CHBr_3$,密度 2.89 g/mL)对样品进行重液分离,分离出的轻矿物、重矿物烘干后分别称重;(4) 使用体式显微镜或偏光显微镜(制成油浸薄片)进行矿物鉴定与统计,数量 300~500 颗。

3.2.3　常、微量元素测试分析方法

沉积物中常、微量元素的含量测试在中国海洋大学海底科学与探测技术教育部重点实验室与国土资源部济南矿产资源监督检测中心完成,使用 XRF 法(SPECTRO XEPOS 台式偏振 X 射线荧光光谱仪)。测试步骤为:(1) 沉积物样品烘干后,研磨至粒度小于 200 目;(2) 样品装入聚乙烯样品杯均匀压实,并保证底面平整,然后装入样品盘上机分析。通过水系沉积物国家标准 GSMS-2 和平行样进行质量控制,每 10 个样品中保证加一个标样和一个平行样,并进行重复性检查,大多数元素的相对标准偏差在 2‰ 之下。

TOC 与 $CaCO_3$ 分析测试在广州地球化学研究所有机地球化学重点实验

室完成。测试步骤为:(1) 先上机测试总碳含量,然后进行酸化、洗酸等去除无机碳,测试得到总有机碳(TOC)含量;(2) 两者相减得到无机碳含量,然后换算为 $CaCO_3$ 含量。

3.2.4　AMS ^{14}C 年代分析方法

陈文文(2009)基于底栖有孔虫混合种,对 B83 孔 2 个层位的样品在中科院地球环境研究所西安加速器质谱中心进行了测年,没有出现年龄倒转,原始数据利用 Calib 程序校准到日历年龄,地层年代在控制点内采用线性插值,控制点外通过线性外推估算(表 3.2-2)。

表 3.2-2　B83 孔 AMS ^{14}C 测年数据(陈文文,2009)

样品深度/cm	测试材料	Calib 日历年/a B.P.
61	底栖有孔虫混合种	2 660±22
151	底栖有孔虫混合种	4 134±22

第 4 章　渤海湾现代沉积特征

4.1　表层沉积物的粒度分布特征

张立奎(2012)根据 Shepard 的沉积物分类法以及贾建军等(2002)提出的粒度参数计算和分级方法对渤海湾表层沉积物的粒度特征进行了研究。本书采用 Folk R. L. et al.(1970)和 Mcmanus J.(1988)的方法重新进行了沉积物分类、粒度参数计算与分级,Folk 法因凸显沉积物的搬运和沉积方式而更具沉积动力学意义(何起祥等,2002),被广泛应用。

4.1.1　表层沉积物粒度组分分布特征

沉积物的粒度组分按粗细可划分为砂粒级(0~4φ)、粉砂粒级(4~8φ)、黏土粒级(>8φ)。

(1) 砂粒级含量的平面分布

北部曹妃甸沙岛群的砂含量最高,均在 80% 以上,部分站位可达 100%;水下沙脊区是砂含量的高值区,含量介于 20%~60% 之间;渤海湾南部近岸处的砂含量也较高,约为 40%~80%;海河、独流减河的河口外侧砂含量较高,约为 60%,但仅局限于河口附近。渤海湾中部、西部、东部的砂含量均较低,普遍低于 10%;曹妃甸沙岛群与水下沙脊之间为潮流深槽,砂含量较少,介于 10%~30%。渤海湾砂粒级含量分布如图 4.1-1 所示。

整体来看,砂粒级含量的平面分布呈现近岸高、中部低的特点;北部区域又呈现为沙岛群及外侧沙脊含量高,中间夹隔的潮道含量较低。砂含量的高值区在北部呈现 2 条带状分布,在三角洲近岸呈现数条带状分布。

(2) 粉砂粒级含量的平面分布

曹妃甸沙岛群、外侧水下沙脊、渤海湾南岸是粉砂粒级含量的低值区,其中在曹妃甸沙岛群处近乎缺失;水下沙脊、渤海湾南岸及海河口处的粉砂含量也仅为 10%~40%。渤海湾的中部,自西向东横贯区域的粉砂含量均较高,介于

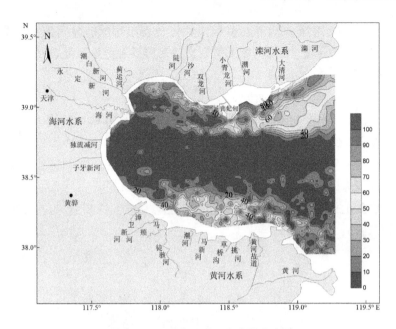

图 4.1-1 研究区砂组分含量分布图

60%～80%,其中含量最高的区域位于中部偏南的海域,呈包围状环绕黄河三
角洲,含量最高可达 80% 以上;曹妃甸沙岛群及外侧水下沙脊之间为一潮流通
道,粉砂含量较高,约为 60%。渤海湾粉砂粒级含量分布如图 4.1-2 所示。

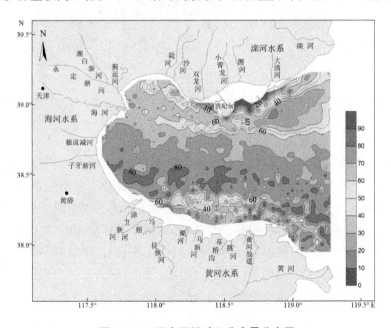

图 4.1-2 研究区粉砂组分含量分布图

粉砂粒级含量的平面分布与砂粒级相比呈现出相反的分布特点。整体上呈现为沿岸低,中部高;北部区域又呈现出沙岛群及外侧沙脊低、中间夹隔的潮道较高的特点。

(3) 黏土粒级含量的平面分布

在曹妃甸沙岛群和渤海湾南部近岸海域的大面积海域,黏土粒级含量非常低,近乎缺失;水下沙脊区含量也仅为 5％～15％。渤海湾中部的黏土含量较高,最高可达 40％;在渤海湾西部近岸,以海河口为界,北侧黏土含量可达 40％,南侧仅为 10％左右。渤海湾黏土粒级含量分布如图 4.1-3。

可见,黏土粒级含量的高低值分布整体上与粉砂粒级相似,与砂粒级相反。

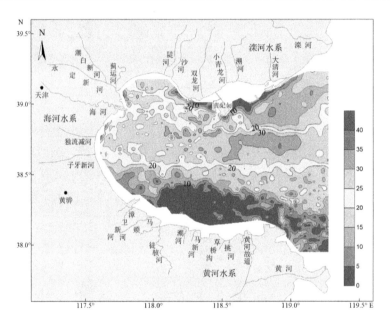

图 4.1-3　研究区黏土组分含量分布图

总体看来,曹妃甸沙岛群、渤海湾南部近岸海域以砂为绝对主导,粉砂含量低,黏土近乎缺失;渤海湾中部以粉砂为主,黏土次之;水下沙脊以砂为主,粉砂次之,含少量黏土。值得注意的是,在曹妃甸南侧,砂和粉砂的高值分布显示为自水下沙脊区,向西一直延伸到曹妃甸南侧的水下潮脊潮沟群,并继续向西延伸。主要是泥沙受波浪侵蚀后,经强潮流搬运沉积形成,潮脊与潮沟是潮流作用过程中侵蚀与堆积的不同表现,目前仍在发展中(耿岩,2009)。现代三角洲沿岸的砂含量高值的条带状分布可能与高速潮流有关。

4.1.2 表层沉积物类型分布特征

根据 Folk R. L. et al.(1970)的沉积物分类与命名方法,渤海湾沉积物类型可划分为砂(S)、粉砂质砂(zS)、砂质粉砂(sZ)、粉砂(Z)、砂质泥(sM)、泥(M)共 6 种类型。莱州湾表层沉积物类型散布见图 4.1-4,分布见图 4.1-5,各沉积物类型的粒级组分含量及粒度参数统计见表 4.1-1。

表 4.1-1　各沉积物类型的粒级组分含量及粒度参数统计

Folk 分类		平均粒径 (ϕ)	分选系数	偏度	峰度	砂 /%	粉砂 /%	黏土 /%
砂(S)	最小值	1.55	0.44	−0.28	0.55	91.48	0	0
	最大值	3.10	1.51	2.18	2.85	100.00	7.03	2.14
	平均值	2.32	0.76	0.72	1.29	97.04	2.52	0.44
粉砂质砂 (zS)	最小值	2.97	0.48	−0.91	0.66	50.03	9.50	0
	最大值	4.81	2.93	2.79	3.53	89.63	49.86	16.50
	平均值	3.91	1.32	1.17	1.86	65.29	31.27	3.43
砂质粉砂 (sZ)	最小值	3.51	0.49	−2.74	0.69	10.03	34.45	0
	最大值	6.82	3.27	2.15	3.91	49.90	89.87	29.77
	平均值	5.41	1.81	0.61	2.34	24.82	62.78	12.40
粉砂(Z)	最小值	4.90	0.82	−1.83	1.26	0	60.27	0.69
	最大值	7.45	2.11	1.67	2.90	9.98	93.20	32.99
	平均值	6.76	1.60	0.94	2.07	2.87	74.52	22.61
砂质泥 (sM)	最小值	4.96	2.07	−2.27	2.64	10.05	33.43	18.35
	最大值	6.92	2.92	1.94	3.44	46.59	59.54	31.85
	平均值	5.96	2.55	−0.06	3.09	28.55	46.80	24.65
泥(M)	最小值	6.95	1.25	−1.77	1.60	0	57.95	31.93
	最大值	7.77	2.17	1.11	2.90	9.86	66.22	41.20
	平均值	7.45	1.58	0.41	2.05	1.50	63.75	34.74

(1) 砂(S)

砂(S)仅分布于渤海湾北部的曹妃甸沙岛群周边。Folk 沉积物类型定名为砂(S)的站位,其砂粒级含量介于 91.48%～100%,平均含量为 97.04%;粉砂粒级含量介于 0～7.03%,平均含量为 2.52%;黏土粒级含量介于 0～

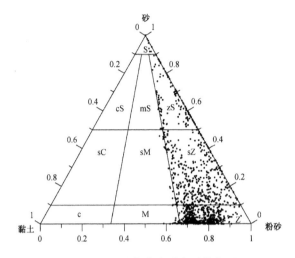

图 4.1-4　渤海湾底质类型散布图

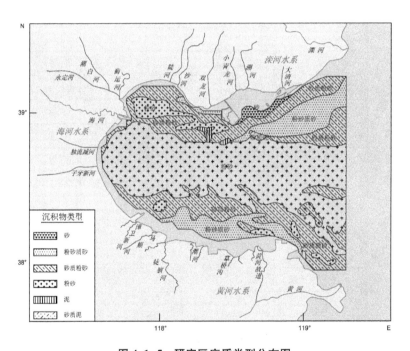

图 4.1-5　研究区底质类型分布图

2.14%,平均含量为 0.44%。平均粒径介于 $\phi1.55\sim\phi3.1$,平均值为 $\phi2.32$;分选系数介于 $0.44\sim1.51$,平均值为 0.76,分选中等;偏度介于 $-0.28\sim2.18$,平均值为 0.72,正偏;峰度介于 $0.55\sim2.85$,平均值为 1.29,峰度中等。

砂一般在沿岸的高能沉积环境下形成,$<\phi4$ 组分的含量高于 95%。沉积

物的概率累积曲线只有一段,全部为跃移组分;频率分布呈现单峰,峰值位于
ϕ1.5~ϕ2(图 4.1-6)。曹妃甸沙岛群为古滦河三角洲的沙坝经现代强潮流和
波浪的改造而形成,悬移组分难以存留,含量极少,是典型的高能强扰动型的沉
积环境。

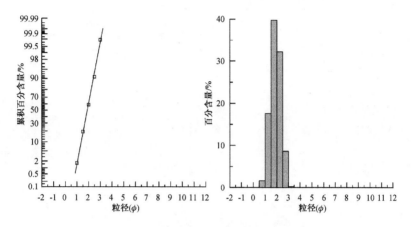

图 4.1-6　砂(S)典型站位概率累积曲线与频率分布图

（2）粉砂质砂(zS)

粉砂质砂(zS)主要分布于三个区域:一是渤海湾南部近岸海域;二是北部的
水下潮流沙脊区;三是双龙河口、南堡沿岸海域。Folk 沉积物类型定名为粉砂质
砂(zS)的站位,其砂粒级含量介于 50.03%~89.63%,平均含量为 65.29%;粉砂
粒级含量介于 9.5%~49.86%,平均含量为 31.27%;黏土粒级含量介于 0~
16.5%,平均含量为 3.43%。平均粒径介于 ϕ2.97~ϕ4.81,平均值为 ϕ3.91;
分选系数介于 0.48~2.93,平均值 1.32,分选较差;偏度介于 -0.91~2.79,
平均值为 1.17,正偏,峰度介于 0.66~3.53,平均值为 1.86,峰态宽平。

粉砂质砂(zS)的主要组分是砂粒级,一般形成于强水动力条件下。渤海湾
南部近岸海域（A 点）的概率累积曲线为跃移-悬移两段式,跃移组分约为
85%,悬移组分约为 15%,频率分布呈现单峰,峰值在 ϕ3~ϕ4;水下潮流沙脊
区(B 点),概率累积曲线为跃移-递变悬移-均匀悬移三段式,跃移组分为 60%,
均匀悬移组分为 30%,频率分布呈现双峰,峰值分别出现在 ϕ2 和 ϕ6~ϕ8,说明
了双重作用下的物源或动力成因;双龙河口、南堡沿岸海域(C 点)的概率累积
曲线为跃移-悬移两段式,以跃移组分为主,悬移组分约为 40%,频率分布呈现
单峰,峰值在 ϕ3~ϕ5(图 4.1-7)。粉砂质砂(zS)的分布区域均是以跃移组分
为主,指示了这些区域长期遭受波浪扰动和潮流搬运下的高能沉积环境。

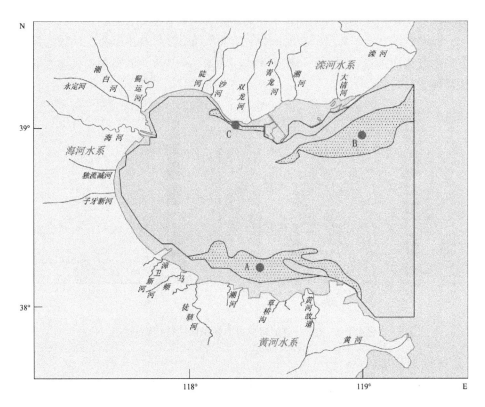

图 4.1-7a　粉砂质砂(zS)典型站位对比位置图

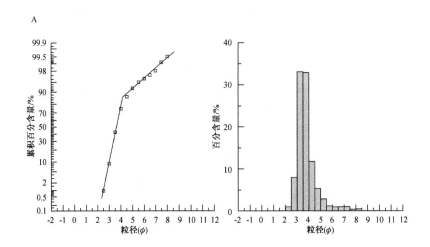

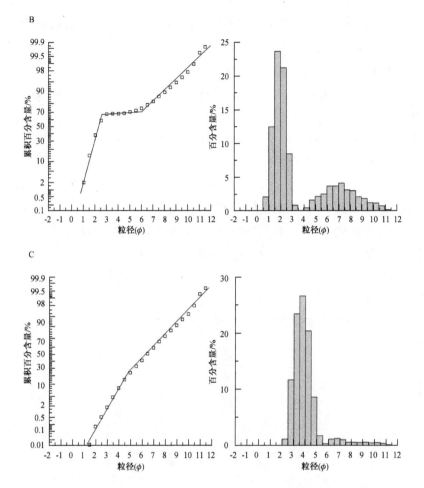

图 4.1-7b　粉砂质砂(zS)典型站位概率累积曲线与频率分布图

（3）砂质粉砂(sZ)

砂质粉砂(sZ)分布较广,且多呈条带状分布。在渤海湾南部海域主要分布在离岸水下岸坡、前三角洲的外缘;在渤海湾北部主要分布于西北沿岸,向东延伸至沙岛外侧的潮道,海河口向东延伸至曹妃甸深槽、潮流沙脊区的东南侧(图4.1-8)。其砂粒级含量介于 10.03%～49.9%,平均含量为 24.82%;粉砂粒级含量介于 34.45%～89.87%,平均含量为 62.78%;黏土粒级含量介于 0～29.77%,平均含量为 12.4%。平均粒径介于 $\phi3.51～\phi6.82$,平均值为 $\phi5.41$;分选系数介于 0.49～3.27,平均值为 1.81,分选较差;偏度介于 -2.74～2.15,平均值为 0.61,偏度差异较大;峰度介于 0.69～3.91,平均值为 2.34,峰态宽平。

渤海湾南部离岸水下岸坡的 A 点、B 点相似,概率累积曲线为跃移-悬移两段式,以跃移组分为主,含量在 70% 左右,频率分布呈现单峰,峰值位于 $\phi 4$ 左右。前三角洲的外缘的 C 点以悬移组分为主,跃移组分较少,频率分布呈现单峰,峰值位于 $\phi 6 \sim \phi 8$。渤海湾南部全部为单峰,说明其物源和成因单一,指示了黄河物质的主导作用。西北部沿岸(D 点)概率累积曲线为跃移-渐变悬移-均匀悬移三段式,跃移组分与均匀悬移组分均为 40% 左右,频率分布呈现双峰,峰值分别出现在 $\phi 3 \sim \phi 4$ 和 $\phi 6 \sim \phi 8$;海河口向东延伸至曹妃甸深槽(E 点)与西北部沿岸的概率累积曲线和频率峰的分布均较为相似,主要差异是 E 点的跃移组分更少,仅约为 20%,而均匀悬移组分更多,超过 70%。西北部沿岸和海河口向东延伸至曹妃甸深槽均为双峰沉积物,说明了双重作用下的物源或动力成因。沙岛外侧潮道(F 点)的概率累积曲线为跃移-悬移两段式,以悬移组分为主,跃移组分为 30% 左右,频率分布呈现单峰,较为宽平,峰值位于 $\phi 4 \sim \phi 8$。潮流沙脊区的东南侧(G 点)的概率累积曲线为跃移-递变悬移-均匀悬移三段式,跃移组分与均匀悬移组分均为 40% 左右,频率分布呈现双峰,峰值分别出现在 $\phi 2 \sim \phi 3$ 和 $\phi 6 \sim \phi 8$,说明了双重作用下的物源或动力成因。

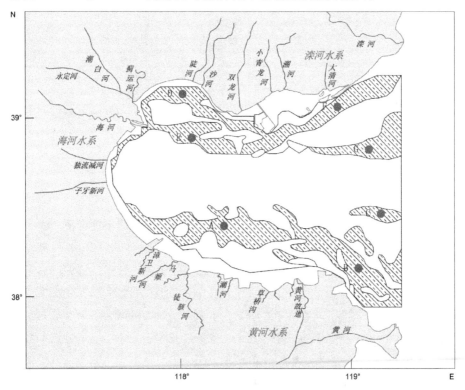

图 4.1-8a　砂质粉砂(sZ)典型站位对比位置图

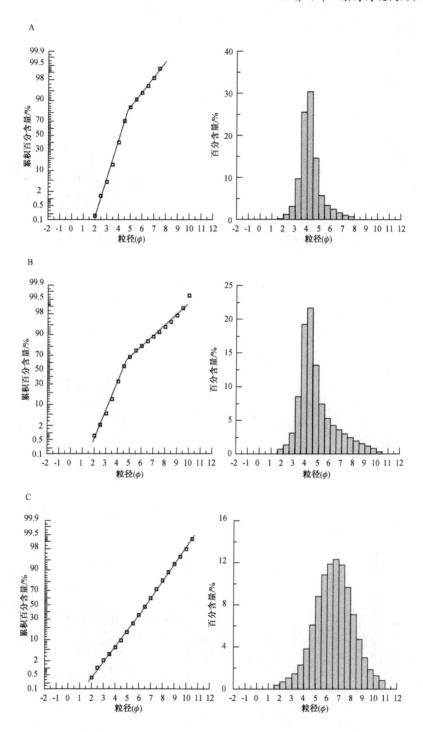

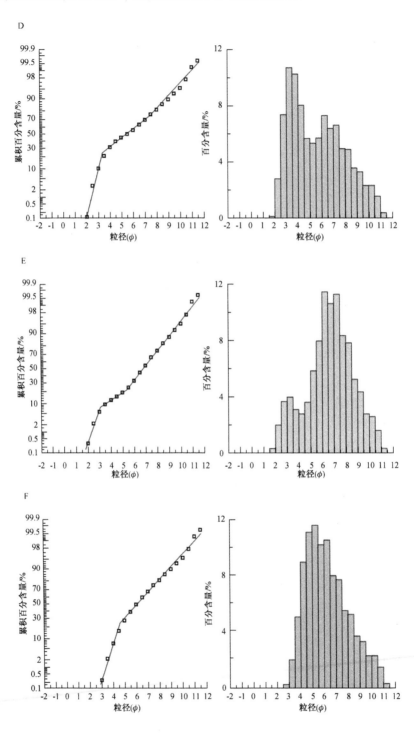

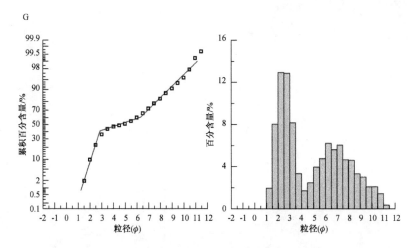

图 4.1-8b 砂质粉砂(sZ)典型站位概率累积曲线与频率分布图

（4）粉砂（Z）

粉砂（Z）是渤海湾分布最为广泛的沉积物类型，约占渤海湾的一半。粉砂主要分布在三个区域：一是渤海湾中部的大片海域；二是渤海湾西北部的中间位置；三是在黄河口及黄骅港外侧有零星斑点状分布（图 4.1-9）。其砂粒级含量介于 0～9.98%，平均含量为 2.87%；粉砂粒级含量介于 60.27%～93.2%，平均含量为 74.52%；黏土粒级含量介于 0.69%～32.99%，平均含量为 22.61%。平均粒径介于 $\phi 4.9 \sim \phi 7.45$，平均值为 $\phi 6.76$；分选系数介于 0.82～2.11，平均值为 1.6，分选较差；偏度介于 -1.83～1.67，平均值为 0.94，偏度差异较大；峰度介于 1.26～2.9，平均值为 2.07，峰态宽平。

粉砂（Z）多分布于水动力环境较弱的环境下。渤海湾中部选取了 3 个典型站位，西北部选取 1 个站位。各站位的概率累积曲线均为跃移-悬移两段式，以悬移组分为主，含量为 60%～90%，频率分布均为单峰，B 点、C 点、D 点的频率峰位于 $\phi 6 \sim \phi 7$，A 点频率峰位于 $\phi 4 \sim \phi 5$，且呈现出严重的粗偏，可能与潮流流速偏大有关。整体来看，这些区域水深较深，波浪难以产生明显作用，潮流也相对较弱，物质以悬移组分为主，沉积动力环境弱。

（5）砂质泥（sM）

砂质泥（sM）的分布很少，仅出现一个斑块，分布在曹妃甸深槽的东侧、老龙沟潮道的南侧（图 4.1-10）。其砂粒级含量介于 10.05%～46.59%，平均含量为 28.55%；粉砂粒级含量介于 33.43%～59.54%，平均含量为 46.8%；黏土粒级含量介于 18.35%～31.85%，平均含量为 24.65%。平均粒径介于 $\phi 4.96 \sim \phi 6.92$，平均值为 $\phi 5.96$；分选系数介于 2.07～2.92，平均值为 2.55，分选差；偏度介于

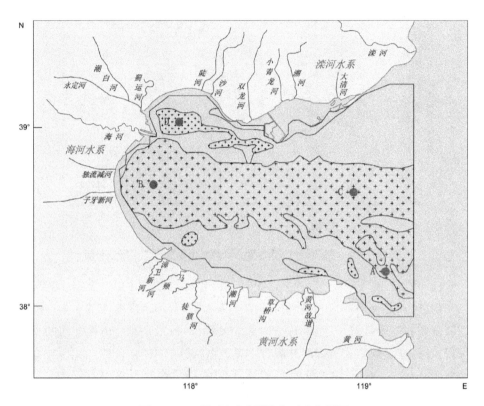

图 4.1-9a 粉砂(Z)典型站位对比位置图

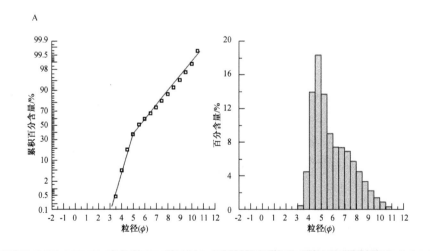

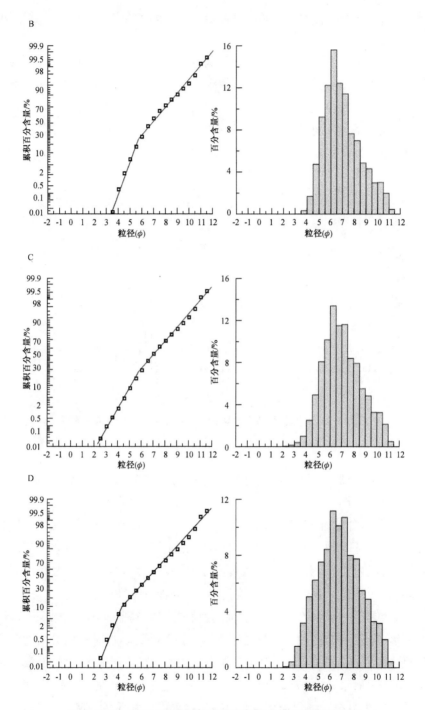

图 4.1-9b 粉砂(Z)典型站位概率累积曲线与频率分布图

－2.27～1.94,平均值为－0.06,偏度差异较大;峰度介于2.64～3.44,平均值为3.09,峰态很宽平。

从代表性站位的概率累积曲线看,为跃移-递变悬移-均匀悬移三段式,跃移组分与均匀悬移组分均含量较高,频率分布呈现双峰,峰值分别出现在$\phi 2$和$\phi 6$～$\phi 8$。粒级跨度自$\phi 0.5$至$\phi 11.5$,跨度非常大,分选极差。其分布的位置——曹妃甸深槽的东侧、老龙沟潮道的南侧,这一区域的特点是水深非常深,潮流又不强,形成了适宜$\phi 6$～$\phi 8$物质沉积的环境。而$\phi 2$左右的物质可能会受东侧水下沙脊区的粗粒物质的影响。

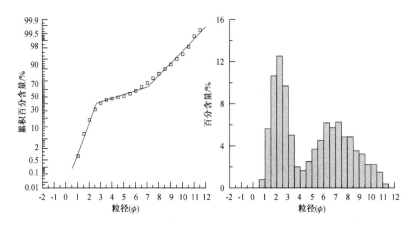

图4.1-10 砂质泥(sM)典型站位概率累积曲线与频率分布图

(6) 泥(M)

泥(M)的分布也很少,仅在曹妃甸深槽的西侧和南侧出现(图4.1-11)。其砂粒级含量介于0～9.86%,平均含量为1.5%;粉砂粒级含量介于57.95%～66.22%,平均含量为63.75%;黏土粒级含量介于31.93%～41.2%,平均含量为34.74%。平均粒径介于$\phi 6.95$～$\phi 7.77$,平均值为$\phi 7.45$;分选系数介于1.25～2.17,平均值为1.58,分选较差;偏度介于－1.77～1.11,平均值为0.41,偏度差异较大;峰度介于1.6～2.9,平均值为2.05,峰态宽平。

泥(M)粒级组成以粉砂和黏土为主,沉积物的粒径非常小,一般形成于平静的水环境下。概率累积曲线虽然也为跃移-悬浮两段式,但悬移组分高达99%,跃移组分不足1%,说明水动力环境非常弱。频率分布呈现单峰,峰位于$\phi 6$～$\phi 9$。这一海域也具有水深非常深、潮流又较弱的特点,是平静水介质下沉积的产物。

根据本小节中各沉积物类型频率峰的位置可以发现两个现象:

① 渤海湾南部的砂组分多集中于$\phi 3$～$\phi 4$,渤海湾西北部的砂组分也多集

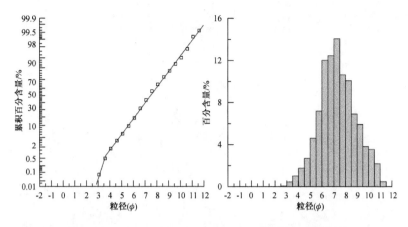

图 4.1-11　泥(M)典型站位概率累积曲线与频率分布图

中于 ϕ3.0~ϕ4.0,而渤海湾东北部(曹妃甸浅滩、潮流沙脊、曹妃甸深槽区)的砂组分则多集中于 ϕ1.5~ϕ2.5。由于砂组分多就近沉积,难以发生长途搬运,可以据此推断,滦河砂粒级更粗,而黄河和滦河砂粒级要偏细。

② 沉积物频率分布图中细粒组分的峰的分布几乎全部集中在 ϕ6~ϕ8,只有东北部曹妃甸浅滩外侧的潮道集中在 ϕ4~ϕ6。由于黄河是渤海细粒物质的主要物源,据此可以推断 ϕ6~ϕ8 的峰是黄河细粒物质向外(尤其是向渤海湾)搬运的特征粒度峰。ϕ4~ϕ6 的峰是滦河细粒物质搬运的特征粒度峰。

4.1.3　表层沉积物粒度参数分布特征

粒度参数实际上是对沉积物粒度基本数据进行统计学分析,用来反映沉积物样品中粒度集中分布趋势、粒度离散程度、粒度分布形态(卢连战等,2010)。

(1)平均粒径

平均粒径用来反映沉积物粒度集中分布趋势。除受源区物质的粒度组成的主要控制外,它还受到搬运介质的平均动能的影响。一般来说,粗粒沉积多伴随着高能环境,细粒沉积多伴随着低能环境。渤海湾表层沉积物的平均粒径跨度较大,介于 ϕ1.30~ϕ7.77,平均值为 ϕ5.91。

平均粒径的平面分布如图 4.1-12 所示。总体上呈现出南、北高,中部低的分布特点,在南北又各有差异。在渤海湾南部,自南岸向北,ϕ 值逐渐增大,即粒径变细,反映了从高能沉积环境向低能沉积环境的渐变;而在渤海湾北部,自北向南,ϕ 值呈现出低-高-低-高的分布,即粒径的变化为粗-细-粗-细,反映了沙岛-潮道-水下沙脊-浅海的沉积环境的沉积动力差异。

1)低值区。根据平均粒径的分布,渤海湾可明显表现出 4 个 ϕ 的低值区,

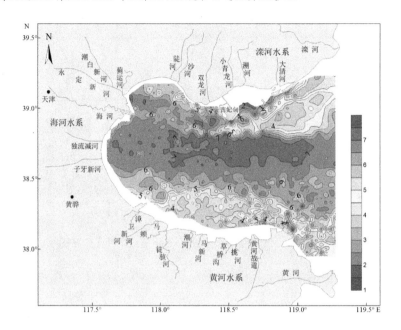

图 4.1-12　渤海湾表层沉积物平均粒径等值线分布图

即粗粒沉积区。

　　① 曹妃甸沙岛群低值区,平均粒径$\phi 1 \sim \phi 2$,沉积物几乎全部为砂粒级,由曹妃甸沙岛向东北延伸,为多个不连续的沙坝/沙岛,是古滦河三角洲演化的产物。它们中的部分高潮时可淹没,部分长期裸露为沙岛,中间隔有潮流进出后方半封闭泻湖的潮流通道;由曹妃甸沙岛向西则延伸至双龙河、沙河河口,南堡近岸,均为砂质粗粒沉积物。

　　② 水下沙脊低值区,平均粒径$\phi 3 \sim \phi 5$,该区沉积物以粉砂为主,砂、黏土次之。为滦河粗粒物源供应下的沿岸潮流形成的离岸沙脊,走向为 NE-SW,向西南与曹妃甸深槽外侧海底沙脊相连,然后向西延伸。反映了整体低能环境背景下的局部高能沉积环境。

　　③ 南部近岸低值区,平均粒径$\phi 3 \sim \phi 5$,该区沉积物以砂为主,粉砂次之,黏土近乎缺失。由于近代黄河径流和物质输入剧减,现今黄河三角洲沿岸处于侵蚀状态,细粒物质不断减少,反映了高能侵蚀的沉积环境。

　　④ 海河南低值区,平均粒径$\phi 3 \sim \phi 5$,分布于海河以南、独流减河河口。王宏等(2011)称之为"驴驹河"式砂质沉积。

　　2)高值区。根据平均粒径的分布,渤海湾可明显表现出 3 个ϕ的高值区,即细粒沉积区。

　　① 渤海湾中部高值区,平均粒径$\phi 6 \sim \phi 7.5$,位于渤海湾中部,自西向东横

贯整个渤海湾,沉积物以粉砂、黏土为主,指示了低能的沉积环境。

② 潮流通道低值区,平均粒径$\phi 5 \sim \phi 6$,位于曹妃甸沙岛群和水下沙脊之间,自东北向西南延伸,绕过曹妃甸向西。

③ 海河北高值区,平均粒径$\phi 6.5 \sim \phi 7$,王宏等(2011)称之为"马棚口湾"式泥质沉积,指示了低能沉积环境。

(2) 分选系数

分选系数是用来反映粒度离散或均匀程度的指标,可用标准偏差等表示。粒径的分布越集中,分选性越好。分选性与物质来源、搬运介质和搬运距离相关。分选性已被广泛地应用于区分不同营力(如风、潮流、河流、冰川)的搬运及沉积差异。

渤海湾表层沉积物分选系数介于0.44~3.27,平均值为1.65(图 4.1-13)。可划分为 3 个区域:①曹妃甸沙岛群,分选最好(<0.8),其由古滦河三角洲的沙坝演化而来,长期经历波浪和潮流的反复淘洗,沉积物几乎全部集中在砂粒级,向南侧分选逐渐变差;②渤海湾南部近岸,分选较好(0.8~1.2),该区在近代由于物源供应锐减,细粒物质逐渐被侵蚀,而导致黏土粒级缺失;③水下沙脊分选最差(>2.4),砂、粉砂、黏土均有,粒级分布较为离散,可能反映出区域水动力的减弱,导致了细粒的沉积、粗粒物源供应的减少。

分选系数与平均粒径的关系如图 4.1-16(a)所示。分选系数小于 1.8 时,分选与平均粒径正相关,即分选越好,粒径越粗;分选系数大于 1.8 时,分选与平均粒径(ϕ)负相关,即分选越差,粒径越粗。

(3) 偏度

偏度(Sk)用于反映粒度分布不对称的程度。当 $Sk > 0$ 时为正偏度,频率分布曲线表现为峰在粗粒一侧,细粒一侧有一长尾,说明沉积物的粗粒含量偏多;$Sk < 0$ 时为负偏度,说明沉积物的细粒含量偏多。由于不同沉积环境控制下的沉积物偏度不同(如风力、河流作用下的沉积物由于细粒的缺失而呈现正偏),偏度可有助于了解沉积物的成因。偏度还可以指示区域冲淤状态和物质运移:长期经受侵蚀的海域沉积物,由于细粒的减少和粗粒的集中,会呈正偏度;稳定的淤积环境下的沉积物,由于细粒的增多和集中,多呈现负偏度。

渤海湾沿岸几乎均为正偏度(海河北侧为负偏度),粒度集中于粗粒部分,反映了细粒物质普遍的离岸搬运,指示了海岸侵蚀的现状。正偏度最大的区域在水下沙脊区,该区以砂为主,同时含有大量粉砂和黏土,出现严重的粗偏(图 4.1-14)。

渤海湾内偏度呈现出明显的 3 个负偏度区域:①曹妃甸深槽的西侧海域。涨潮流绕过曹妃甸后,流速变缓,潮流携带的细粒物质在该区发生沉积,细粒物

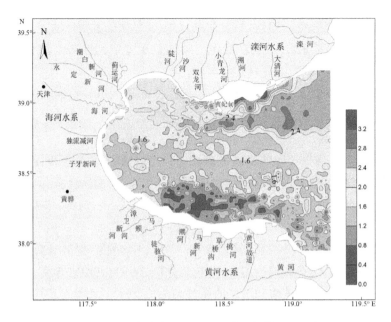

图 4.1-13　渤海湾表层沉积物分选系数等值线分布图

质富集。②水下沙脊的东南侧海域。该区位于水下沙脊的外缘,水动力弱,致使细粒物质的富集。③黄河前三角洲外侧海域。该海域位于前三角洲的外缘,远离海岸,距离源区远,细粒沉积物偏多,是沿岸侵蚀物质的沉积区。

偏度与平均粒径的关系如图 4.1-16(b)所示。偏度与平均粒径无明显相关性。

（4）峰度

峰度(Ku)用于表征粒度分布在平均粒度两侧的集中程度,可衡量沉积物频率分布曲线的峰形的宽窄陡缓。渤海湾表层沉积物峰度介于 0.55～3.91,平均值为 2.15。

渤海湾表层沉积物的峰度等值线如图 4.1-15 所示。可划分为 3 个区域:①曹妃甸沙岛群。峰度值最小(<1),定性描述为很窄或非常窄,由于其所处区域为沙坝成因环境,长期经历波浪和潮流的反复淘洗,沉积物几乎全部集中在砂粒级。②渤海湾南部近岸。峰度值亦较小(0.5～1.5),定性描述为很窄或中等,该区由于常年遭受侵蚀,黏土粒级的细粒物质已基本缺失,沉积物亦集中于砂粒级。③水下沙脊。峰度值最大(>3),定性描述为很宽平,由于各粒级均有,分布不集中,甚至呈现多峰,显示着多成因的物质堆积。

峰度与平均粒径的关系如图 4.1-16(c)所示。峰度小于 2.2 时,峰度与平均粒径(ϕ)正相关,即峰度越大,粒径越细;峰度大于 2.2 时,峰度与平均粒径(ϕ)负相关,即峰度越大,粒径越粗。

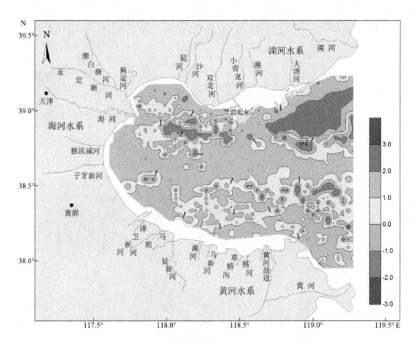

图 4.1-14　渤海湾表层沉积物偏度等值线分布图

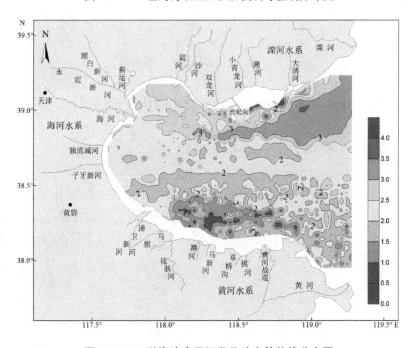

图 4.1-15　渤海湾表层沉积物峰态等值线分布图

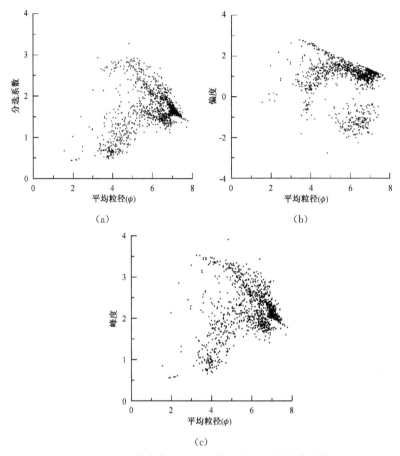

图 4.1-16　渤海湾表层沉积物粒度参数相关散点分布图

4.2　表层沉积物碎屑矿物分布特征

韩宗珠等(2013)用 Q 型聚类法对渤海湾北部的碎屑矿物分布进行了研究,渤海湾西北部海域受海河和黄河影响,角闪石类、云母类含量高;曹妃甸海域主要受滦河物源影响,辉石类、帘石类、金属类、稳定矿物含量高;渤海湾中部为混合物源。

4.2.1　轻矿物种类与含量分布特征

从碎屑矿物中共鉴定出 6 种轻矿物,主要有:石英、斜长石、钾长石、云母、碳酸盐矿物(含生物碎屑)、绿泥石。各种轻矿物含量(颗粒百分含量,下同)的统计情况见表 4.2-1,各轻矿物含量等值线的平面分布见图 4.2-1。

表 4.2-1　渤海湾轻矿物颗粒百分含量统计　　　　　　单位：%

轻矿物	石英	斜长石	钾长石	云母	碳酸盐矿物（含生物碎屑）	绿泥石
最小值	1.3	1.0	0.3	0	0	0
最大值	56.7	55.0	40.0	90.7	66.0	4.3
平均值	27.3	32.0	18.3	11.6	6.0	0.7

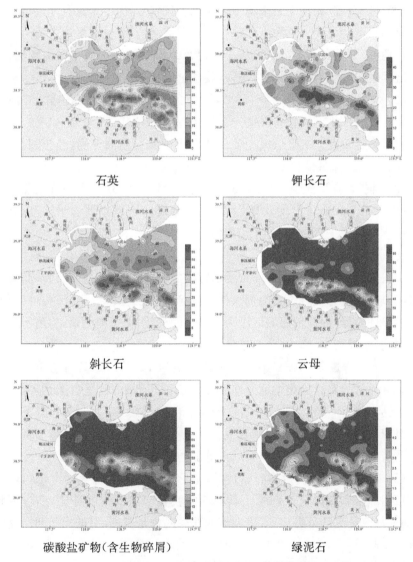

石英　　　　　　　　　　　　　　　钾长石

斜长石　　　　　　　　　　　　　　云母

碳酸盐矿物（含生物碎屑）　　　　　　绿泥石

图 4.2-1　表层沉积物轻矿物颗粒百分含量等值线分布图

(1) 石英含量介于 1.3%～56.7%,平均含量为 27.3%,其平均含量仅次于斜长石。石英主要分布于渤海湾南部,比较有意思的是,在南部由近岸向外,依次呈现高-低-高的分布特点,即沿岸含量高(40%～50%),向外海减少(5%),再向外侧又增多(40%～56%)。在渤海湾西部的海河口南北两侧,石英的含量略高(30%～40%)。相较而言,渤海湾北部的区域普遍较少。

石英的主要成分是 SiO_2,是极为稳定的矿物,主要以粗粒的砂的形式存在。渤海湾南部沉积物主要来源于黄河,黄河物质经历了长途跋涉,风化严重,抗风化的石英含量高。渤海湾西部曾长期被黄河袭夺,流域多为古黄河物质形成的三角洲,亦是高石英含量区域。渤海湾北部的粗粒物质主要由滦河供应,由于流程短,物质以物理风化为主,石英含量低。

(2) 斜长石含量介于 1%～55%,平均含量为 32%,斜长石是渤海湾平均含量最高的轻矿物。斜长石在整个北部海域含量均较高(30%～40%)。南部海域的近岸也较高。其低值区主要分布于黄河前三角洲外侧,呈包围状环绕,含量在 20% 以下,最低仅为 1%。

(3) 钾长石含量介于 0.3%～40%,平均含量为 18.3%。其分布与斜长石相似,在整个北部海域含量均较高(>20%)。南部海域近岸的含量略高(15%～20%)。其低值区主要分布于黄河前三角洲外侧,呈包围状环绕,含量在 10% 以下,最低仅为 0.3%。

斜长石、钾长石也是粗粒的重要矿物组成,抗风化能力比石英差,其含量与源区的风化程度有关。渤海南部黄河物质遭受强烈化学风化,长石可被分解,故含量整体偏低;而北部海域以滦河为代表的河流,由于流程短,岩屑不易遭受风化,故含量较高。

(4) 云母含量介于 0～90.7%,平均含量为 11.6%,是黄河物质中的主要矿物。云母的分布较为集中地分布于黄河前三角洲外侧,呈包围状环绕,最高含量可达 91%。其余大部分海域的含量非常少,多低于 5%。云母是黄河物质中含量较高的矿物,由于其低密度及片状结构,多在低能沉积环境下富集。其分布是黄河供应下经水动力作用后再分配的结果。

(5) 碳酸盐矿物(含生物碎屑)含量介于 0～66%,平均含量为 6%,碳酸盐矿物可由陆源和海洋自生产生。其高值区在黄河前三角洲外侧,呈包围状环绕,在云母高值区的外海一侧;渤海湾西北岸的含量偏高,可能与西北岸现代牡蛎礁的生长有关;漳卫新河—子牙新河口之间的黄骅沿岸的含量也较高,可能与沿岸现代贝类生长或贝壳堤的出露有关。

(6) 绿泥石含量介于 0～4.3%,平均含量为 0.7%,绿泥石多是辉石、角闪石、黑云母等蚀变的产物。绿泥石的分布与石英较为相似。

4.2.2 重矿物种类与含量分布特征

经轻、重矿物分离后,重矿物重量百分含量介于 0～19.4%,平均含量为 2.8%,重矿物重量百分含量等值线的分布如图 4.2-2 所示。可以看出,渤海湾中部和北部的重矿物重量百分含量较高,其中又以曹妃甸沙岛群、老龙沟潮道、水下沙脊的最高;渤海南部和西北部的均低于 1%,以轻矿物为主。

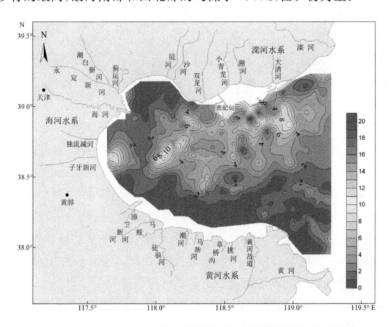

图 4.2-2 表层沉积物重矿物重量百分含量等值线分布图

从渤海湾表层沉积物中共鉴定出重矿物 29 种,各重矿物类型及含量为:普通角闪石(33.14%)、绿帘石(13.15%)、黑云母(11.93%)、白云母(2.14%)、风化云母(5.74%)、赤(褐)铁矿(6.28%)、石榴石(5.56%)、钛铁矿(4.19%)、石英(3.47%)、阳起透闪石(2.19%)、(斜)黝帘石(1.81%)、岩屑(1.78%)、辉石(1.66%)、白钛石(1.08%);其他含量不足 1% 的重矿物有:磁铁矿(0.77%)、绿泥石(0.84%)、榍石(0.83%)、磷灰石(0.55%)、生物碎屑(0.47%)、碳酸盐(0.43%)、电气石(0.37%)、自生黄铁矿(0.34%);另有部分重矿物仅在个别站位出现几粒,有锆石、金红石、蓝晶石、褐帘石、红柱石、锐钛矿、兰闪石等。下面对主要重矿物及部分特征矿物的含量分布进行逐一研究(图 4.2-3)。

普通角闪石含量介于 0～67.3%,平均含量为 33.1%,是渤海湾含量最高的矿物类型。含量最高的区域为渤海湾西北部，为 50%～70%；中东部含量也较高，为 40%～60%。黄河前三角洲外缘的含量最低，在 10% 左右；近岸略高，为 20%～30%。普通角闪石是密度较低的矿物，它的富集往往指示弱动力下的稳定沉积环境。

绿帘石含量介于 0～35.7%，平均含量为 13.1%，其含量仅次于角闪石。绿帘石整体呈现西南低、东北高的分布特点。含量最高的区域为渤海湾东北角，即现代滦河入海口附近。

(斜)黝帘石含量介于 0～6.7%，平均含量为 1.8%，主要分布于渤海湾北部，南部含量极低。

黑云母含量介于 0～82.2%，平均含量为 11.9%；白云母含量介于 0～25.5%，平均含量为 2.1%。黑云母和白云母的分布具有一致性，几乎全部富集于黄河水下三角洲的外侧，其他区域含量极低。

赤(褐)铁矿含量介于 0～65.1%，平均含量为 6.3%，主要分布于渤海湾南部。与黑云母和白云母相比，也是呈包围状环绕黄河三角洲，但其分布更加偏向外海。

自生黄铁矿含量介于 0～11.8%，平均含量为 0.3%，其分布与赤(褐)铁矿相似。自生黄铁矿的形成需要还原性环境，弱水动力、细粒物质和有机物有利于还原性环境的形成和铁的絮凝。其高值区代表了海底的还原性属性。

钛铁矿含量介于 0～37.7%，平均含量为 4.2%，主要分布于渤海湾北部，水下沙脊、曹妃甸后方潟湖的潮流通道区的含量最高。

磁铁矿含量介于 0～18.8%，平均含量为 0.8%，主要分布于渤海湾中部和北部，在黄骅港及西侧有一峰值区。

阳起透闪石含量介于 0～11.3%，平均含量为 2.2%，主要分布于渤海湾南部，离岸越近含量越高，渤海湾北部则较低。

石榴石含量介于 0～34.7%，平均含量为 5.6%，石榴石的分布与钛铁矿较为相似，富集于渤海湾北部，潮流通道、水下沙脊、现代滦河口含量高，可达 15%～35%；西部和南部则相对较低。

榍石含量介于 0～5.4%，平均含量为 0.8%，分布于渤海湾的中部，环绕黄河三角洲呈 2 个包围状条带分布。

综合以上结论可以看出，研究区的重矿物分布具有以下特点：

(1) 黑云母、白云母分布一致，均聚集在黄河水下三角洲的外侧；

(2) 钛铁矿、(斜)黝帘石、石榴石富集于渤海湾北部；

(3) 赤(褐)铁矿、阳起透闪石、黑云母、白云母富集于渤海湾南部。

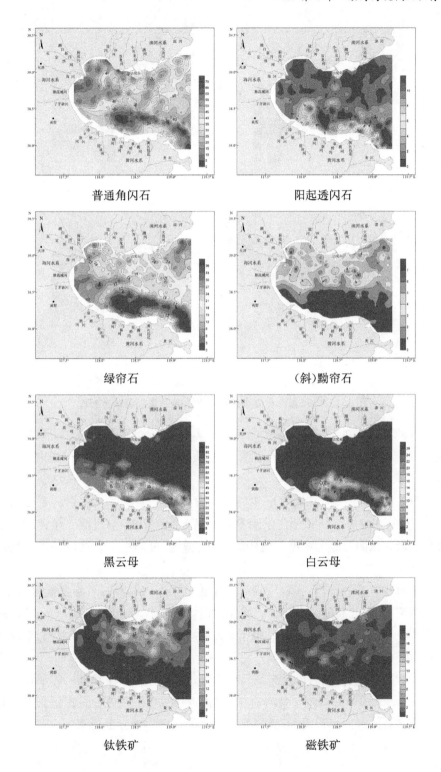

普通角闪石

阳起透闪石

绿帘石

(斜)黝帘石

黑云母

白云母

钛铁矿

磁铁矿

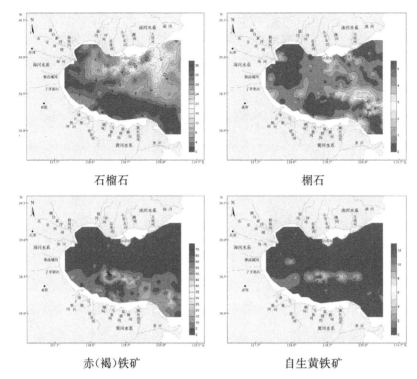

石榴石

榍石

赤（褐）铁矿

自生黄铁矿

图 4.2-3　表层沉积物重矿物颗粒百分含量等值线分布图

　　对具有相同理化性质的重矿物进行分类分析。本区可分为角闪石族、帘石族、辉石族、片状矿物、暗色铁质矿物、热变质矿物，各类矿物含量分布如图 4.2-4 所示。

　　角闪石族（包括普通角闪石、阳起透闪石）含量介于 0～67.7%，平均含量为 35.3%，在渤海湾西北部含量最高，中东部含量较高，黄河前三角洲的外缘含量最低。角闪石族的密度普遍较小，易被搬运，可能指示着区域的物质输运和再分配。

　　帘石族［包括绿帘石、（斜）黝帘石］含量介于 0～43.3%，平均含量为 15%，呈现西南低、东北高的分布特点。在滦河口含量较高，受近源沉积控制；黄河前三角洲外缘的含量最低，向近岸和外海含量均增高，可能受到区域波浪、潮流等水动力环境的影响。

　　片状矿物（包括黑云母、白云母、风化云母）含量介于 0～94.1%，平均含量为 14.1%，几乎全部富集于黄河前三角洲的外缘，其他区域含量极低。其分布由黄河物源的近源沉积主导，受波浪和潮流的水动力再分配控制。

　　辉石族（包括普通辉石、透辉石）含量介于 0～8.7%，平均含量为 1.7%，高值区主要分布于研究区中部和北部,渤海湾南部、西北部几乎不含辉石族矿物。

暗色铁质矿物(包括钛铁矿、磁铁矿、赤铁矿、褐铁矿、自生黄铁矿)含量介于 $0 \sim 40.3\%$,平均含量为 6.1%,主要分布于研究区北部,南部分布得非常少,明显受到北部滦河物源供应的控制。

热变质矿物(包括白钛石、蓝晶石、兰闪石、红柱石等)含量介于 $0 \sim 5.9\%$,平均含量为 1.3%,主要分布于研究区北部,南部分布得非常少,亦是受到北部滦河物源供应的控制。

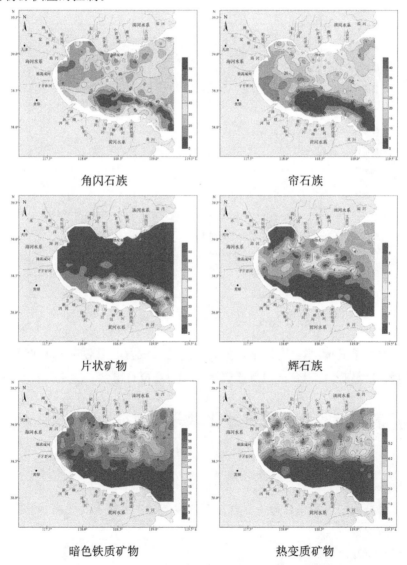

角闪石族　　　　　　　　　　帘石族

片状矿物　　　　　　　　　　辉石族

暗色铁质矿物　　　　　　　　热变质矿物

图 4.2-4　表层沉积物重矿物组合颗粒百分含量等值线分布图

4.2.3 重矿物分布的相关性

据上文分析,部分重矿物种类的分布具有相似性,或由于相同的物源供应,或处于相似的沉积动力环境。为了发现矿物分布的组合规律,应用 R 型聚类进行分析。聚类方法采用沃尔德方法,距离采用欧式平方距离。聚类结果如图 4.2-5 所示。

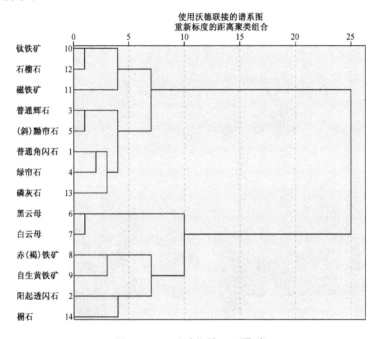

图 4.2-5 重矿物的 R 型聚类

聚类结果显示,本区有以下特征矿物组合形式:(1)钛铁矿+石榴石组合;(2)黑云母+白云母组合;(3)普通辉石+(斜)黝帘石组合。

4.3 表层沉积物元素地球化学分布特征

4.3.1 常量元素含量分布特征

渤海湾表层沉积物常量元素含量等值线的分布如图 4.3-1 所示,各元素含量分布情况如下。

(1) SiO_2、Na_2O

SiO_2 的含量介于 41.2%～74.1%,平均含量为 54.3%。Si 是地壳中主要造岩矿物(硅酸盐矿物)的主要元素,其含量仅次于 O。在本研究区,SiO_2 在常量元素中含量最高,其高值区主要位于曹妃甸沙岛群(>72%),其次为渤海湾南部近岸(64%~72%),然后是水下沙脊(52%~60%)。低值区位于渤海湾中部(<48%)。SiO_2 的含量与砂粒级的含量分布相似,说明 SiO_2 基本上以碎屑状态存在于石英和硅酸盐矿物中,是砂粒级的主要元素。

Na_2O 的含量介于 0.9%~3.5%,平均含量为 2.1%。其分布与 SiO_2 较为相似,即在曹妃甸浅滩、外侧水下沙脊、渤海湾南部近岸等粗粒沉积区的含量较高,而在渤海湾中部、西部等细粒沉积区含量较低。

SiO_2、Na_2O 的分布符合"元素的粒度控制律"中的第二类模式(赵一阳,1983)。

(2) Al_2O_3、TFe_2O_3、K_2O、MgO、P_2O_5

Al_2O_3 的含量介于 6.8%~15.5%,平均含量为 13.1%,Al_2O_3 的含量仅次于 SiO_2。TFe_2O_3 的含量介于 0.7%~6.6%,平均含量为 4.8%。K_2O 的含量介于 2%~3.4%,平均含量为 2.7%,受吸附作用控制,黏土矿物对 K 有较强的选择性吸附,能将 K 固定在固相中(李静等,2012)。MgO 的含量介于 0.3%~3.2%,平均含量为 2.5%。P_2O_5 的含量介于 0.1%~0.2%,平均含量为 0.2%。以上常量元素的分布均与细粒黏土的分布相似,总体上与 SiO_2 呈相反的分布特点,即在曹妃甸沙岛群、渤海湾南部近岸、水下沙脊等粗粒沉积区的含量较低,而在渤海湾中部、西部等细粒沉积区含量较高。在细粒沉积物中,由于黏土的吸附、一般富含有机质等特性,有利于这些元素的絮凝沉淀,因此含量随沉积物粒度变细而升高,是"元素的粒度控制律"中的第一类模式(赵一阳,1983)。

(3) TiO_2

TiO_2 的含量介于 0.1%~0.7%,平均含量为 0.6%。TiO_2 的含量低值区位于曹妃甸浅滩及外侧水下沙脊,一定程度上受到了粒度的控制作用。渤海湾南部海域较高的含量指示了黄河物源富含 TiO_2。海洋沉积物中的 Ti 几乎全部来源于陆源碎屑,刘建国等(2007)通过对渤海的研究,认为 TiO_2 可以作为陆源细粒物质输入的代表性因子。

(4) CaO、$CaCO_3$

CaO 的含量介于 1%~12.4%,平均含量为 5.7%。黄河物质主要来源于中游的黄土,高含量的 CaO 是黄河物源的元素的特征(蓝先洪等,2017),渤海湾靠西南主体海域的含量均较高,环绕现代黄河三角洲呈包围状展布,这指示了黄河物质呈放射型的扩散。在沿岸粗粒沉积区的含量非常低,而在渤海湾中部细粒沉积区的含量最高,说明也受到了粒度的控制作用。

$CaCO_3$ 的含量介于 0.11%~20.53%,平均含量为 6.52%。$CaCO_3$ 的分

布与亲黏土元素大致相同,渤海湾中部细粒沉积区的含量高。区别在于在曹妃甸沙岛群东侧的部分沙洲、水下潮流沙脊处的粗粒沉积区,含量却较高。

（5）MnO、有机碳

MnO 的含量介于 0~0.2%,平均含量为 0.1%。有机碳的含量介于 0~1%,平均含量为 0.4%。MnO、有机碳的高值区均分布在黄河前三角洲的外缘,其分布与自生黄铁矿、碳酸盐矿物和生物碎屑也较为一致,刘建国等（2007）在对渤海的研究中把 Mn 作为海洋自生作用的代表性因子。

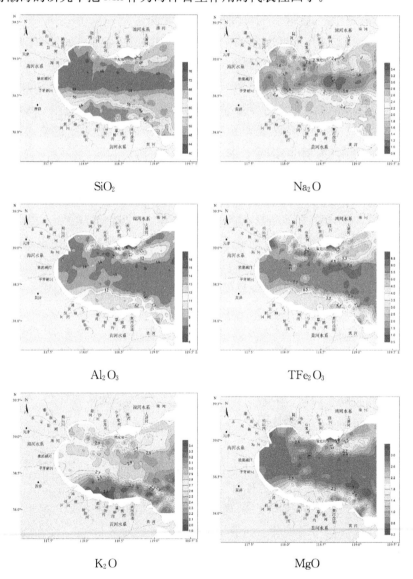

SiO₂

Na₂O

Al₂O₃

TFe₂O₃

K₂O

MgO

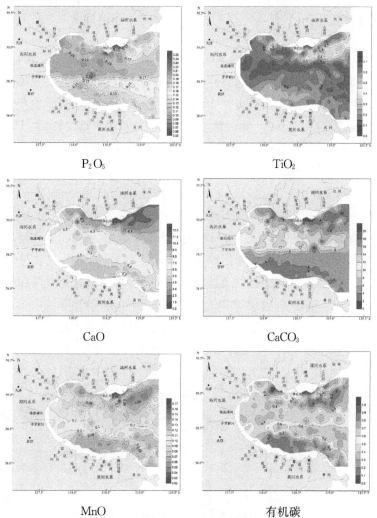

图 4.3-1　研究区常量元素含量等值线分布图

4.3.2　微量元素含量分布特征

针对渤海湾表层沉积物微量元素的分析选择 Cu、Zn、Pb、Cr、Ni、Sr、Ba 和 V 共 8 种。各微量元素含量等值线的分布见图 4.3-2，各元素含量分布情况如下。

（1）Cu、Zn、Pb、Cr、Ni

Cu 的含量介于 2.9~38.6 ppm[①]，平均含量为 24.9 ppm。Zn 的含量介于 17.9~126 ppm，平均含量为 73.7 ppm。Pb 的含量介于 6.8~43.6 ppm，平均

[①]　ppm：百万分率，1 ppm＝0.001‰。

含量为 23.9 ppm。Cr 的含量介于 10.2～93.6 ppm,平均含量为 51.8 ppm。Ni 的含量介于 7.8～54 ppm,平均含量为 35.7 ppm。

以上微量元素的低值区主要位于渤海湾南部沿岸海域、水下沙脊、曹妃甸浅滩,并向西延伸至陡河河口,其分布与粗粒沉积物的分布一致;高值区主要位于渤海湾中部,自西部向东横贯整个渤海湾、曹妃甸浅滩与水下沙脊之间的潮流通道深槽等细粒沉积区。由于细粒的黏土等具有吸附作用,有利于这些元素的富集,和部分常量元素(Al_2O_3、TFe_2O_3、K_2O、MgO、P_2O_5)一样,属于元素的粒度控制律中的第一类模式。

(2) V 的含量介于 7～111.8 ppm,平均含量为 74.5 ppm。V 的含量高值区位于黄河前三角洲的外缘,与 Mn、有机碳、自生黄铁矿的分布相似。

(3) Ba 的含量介于 358～1 743 ppm,平均含量为 585 ppm,在微量元素中含量最高。Ba 的含量在渤海湾北部整体上比南部要高得多,其含量最高的区域位于潮流沙脊区,并向西延伸至泻湖的老龙沟潮道、曹妃甸南侧深槽及槽外沙脊。渤海湾南部的 Ba 含量却非常低,仅出现一个突变峰值。

(4) Sr 的含量介于 156.8～373 ppm,平均含量为 212 ppm。在渤海湾南北沿岸、曹妃甸深槽、黄河前三角洲的外侧含量较高。

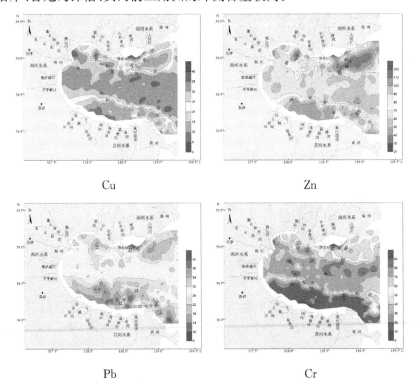

Cu   Zn

Pb   Cr

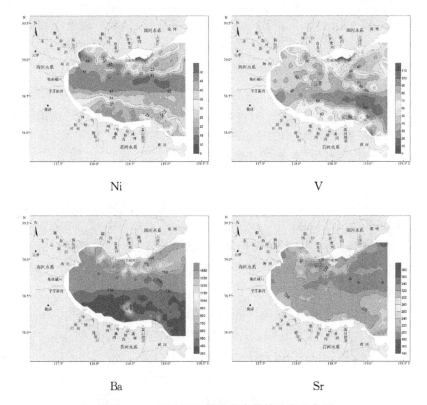

图 4.3-2　研究区微量元素含量等值线分布图

4.3.3　元素含量分布的相关性

　　根据上文对常量元素和微量元素含量的数据分析可以看出,部分元素之间具有相关性,其含量分布具有相似性。因此尝试进行数理统计分析,以发现其内在规律。

4.3.3.1　元素含量与沉积物粒度的关系

　　表 4.3-1 显示了各元素含量与平均粒径、砂、粉砂、黏土含量之间的相关系数,计算方法采用 Pearson 相关系数,从中可以看出以下几点。

　　(1) SiO_2、Na_2O 与平均粒径(ϕ)呈显著负相关(相关系数$-0.5\sim-0.8$),即沉积物的粒径越粗,含量则越高。沉积物中的元素含量随粒度有规律地变化,称之为"元素的粒度控制律",包括三种模式:绝大多数元素的含量随沉积物粒度变细而升高;少数元素的含量随沉积物粒度变细而降低;个别元素的含量随沉积物粒度变细先升后降,在粉砂中出现极大值(赵一阳,1983)。渤海湾表层沉积物中的 SiO_2 和 Na_2O 属于"元素的粒度控制律"中的第二种模式。

(2) Al_2O_3、TFe_2O_3、MgO、Cu、Zn、Ni 与平均粒径(ϕ)呈高度正相关(相关系数＞0.8)；K_2O、P_2O_5、TiO_2、CaO、MnO、Pb、Cr、V 与平均粒径(ϕ)呈显著正相关(相关系数 0.5～0.8),即沉积物的粒径越细,含量则越高。属于"元素的粒度控制律"中的第一种模式。

(3) Sr、Ba 与平均粒径(ϕ)无明显相关性。Ba 与粉砂含量存在相关关系,属于"元素的粒度控制律"中的第三种模式。

4.3.3.2 元素之间的相关性及元素组合

常、微量元素间的相关性见表 4.3-1。对常、微量元素进行的 R 型聚类见图 4.3-3。聚类结果显示,当判定距离小于 4 时,可分为以下几类元素组合。

(1) SiO_2、Na_2O 组合

SiO_2 是渤海湾表层沉积物含量最高的元素,与 Na_2O 呈显著正相关(相关系数 0.75)。Si 是亲氧元素,主要赋存形式有氧化物、硅酸盐矿物等,斜长石是 Na 的主要赋存形式。粗粒沉积物的主要矿物组成为石英和斜长石,尤其是在渤海湾北部,SiO_2 与 Na_2O 呈较好的相关关系。

(2) Al_2O_3、TFe_2O_3、MgO、Cu、Zn、Ni、K_2O、Cr、P_2O_5、Pb 组合

Al_2O_3 的含量仅次于 SiO_2,与 TFe_2O_3、MgO、Cu、Zn、Ni、K_2O、Cr、P_2O_5、Pb 呈现较强的正相关关系。Al 也是亲氧元素,广泛赋存于黏土矿物中,如 Al 的平均含量在伊利石中为 13.5％,在高岭石中为 21％,在蒙脱石中为 11％(牟保磊,2000)。由于黏土粒级具备吸附作用,易导致这些元素的沉降富集,进而引起了强相关关系。

(3) MnO、V、TOC 组合

MnO、V、TOC 组合与第二组元素组合存在一定的相关性,表现出了一定的亲黏土特性,但是本组合的平面分布均表现出较为特殊的情况,即在黄河水下前三角洲的外缘,沉积物并不是最细,但含量最高,而这里也恰是自生黄铁矿的高含量区,指示局部强还原性环境。

高含量的 TOC 说明有机质含量丰富,有机质分解时消耗大量氧气而导致还原性环境的形成。V 的还原和絮凝沉降与还原环境密切相关,国内外发现富集 V 的沉积物中都富含有机质。自生黄铁矿(FeS_2)也是在还原环境下铁和硫被还原所形成的。Mn 也是有机质降解过程中的重要参与物(邹建军等,2007)。Mn、V、Fe 被认为是对氧化还原非常敏感的元素,被广泛作为底层水氧化还原环境的判别指标(Morford J. L. and Emerson S.,1999;Thomson J. et al.,2001)。沉积物中有机质的富集为还原细菌提供了必要的生存条件,含量越高则还原细菌越多,使硫、铁、锰的高价化合物被有机质还原得到的低价铁、

锰、硫等的量越大（许昆明等，2010）。

本组合与有机物的分解及由此导致的局部还原环境有关，指示了海洋自生化学沉积因素。

有机质的来源分为陆源生物碎屑和海洋生物两种，该组合与 TiO_2、CaO 相关性较好（相关系数 0.61～0.76），说明以河流为主的陆源输入为渤海湾提供了大量的有机质。

（4）其他元素

Sr 与大多数元素均没有相关性，仅与 Na 和 CaO 表现出一定正相关性（相关系数 0.29～0.49）。Sr 在渤海湾南北沿岸、曹妃甸深槽、黄河口水下前三角洲外缘的含量较高，可能与钙质生物外壳碎屑的分布有关。Sr 可以以类质同象的方式进入碳酸盐中，推测 Sr 受到海洋钙质生物沉积因素的影响。

Ba 与粉砂的相关性优于砂和黏土。Ba 在海洋中类似营养物，参与生物过程，与海洋生产力有关，有研究指出硅藻的旺发有利于 Ba 的沉积，沉积物中 Ba 的含量常随水深的增大而增加（倪建宇等，2006）。Ba 在海洋生物中有明显的富集倾向，如在海洋生物的软组织、有孔虫的硬组织（SiO_2）、红藻与钙质生物外壳（$CaCO_3$）中均有较高的含量（刘英俊，1984）。海水和沉积物中 Ba 的浓度已经被用作古生物地球化学过程的指标和局部初级生产力的示踪剂（Chen T. et al.，2011）。因此，Ba 在北部的高值可能指示了较高的海洋生产力。

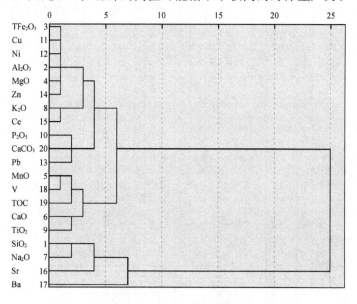

图 4.3-3　渤海湾常、微量元素含量 R 型聚类结果

表 4.3-1　研究区表层沉积物元素相关系数分级表（n=309）

相关系数	SiO₂	Na₂O	Al₂O₃	TFe₂O₃	MgO	Cu	Ni	K₂O	Pb	Zn	P₂O₅	Cr	TiO₂	MnO	V	TOC	CaO	CaCO₃	Sr	Ba	砂	粉砂	黏土	Mz
SiO₂	1.00																							
Na₂O	0.75	1.00																						
Al₂O₃	-0.86	-0.60	1.00																					
TFe₂O₃	-0.77	-0.52	0.92	1.00																				
MgO	-0.83	-0.53	0.95	0.96	1.00																			
Cu	-0.79	-0.52	0.93	0.96	0.93	1.00																		
Ni	-0.88	-0.70	0.92	0.94	0.92	0.94	1.00																	
K₂O	-0.79	-0.51	0.83	0.70	0.73	0.78	0.77	1.00																
Pb	-0.72	-0.58	0.71	0.68	0.69	0.68	0.74	0.60	1.00															
Zn	-0.67	-0.39	0.83	0.92	0.86	0.92	0.87	0.69	0.61	1.00														
P₂O₅	-0.86	-0.79	0.72	0.64	0.70	0.62	0.78	0.56	0.67	0.50	1.00													
Cr	-0.82	-0.66	0.77	0.70	0.71	0.76	0.82	0.80	0.58	0.66	0.73	1.00												
TiO₂	-0.45	-0.33	0.68	0.81	0.76	0.71	0.72	0.33	0.48	0.73	0.53	0.43	1.00											
MnO	-0.53	-0.16	0.69	0.79	0.77	0.76	0.65	0.53	0.51	0.76	0.38	0.44	0.62	1.00										
V	-0.37	-0.04	0.65	0.81	0.75	0.75	0.61	0.41	0.40	0.78	0.22	0.35	0.76	0.79	1.00									
TOC	-0.51	-0.14	0.76	0.80	0.76	0.80	0.67	0.63	0.44	0.79	0.31	0.50	0.61	0.75	0.77	1.00								
CaO	-0.40	-0.14	0.44	0.66	0.63	0.56	0.53	0.14	0.36	0.61	0.28	0.24	0.62	0.62	0.71	0.43	1.00							
CaCO₃	-0.70	-0.63	0.48	0.51	0.51	0.49	0.66	0.38	0.53	0.42	0.70	0.57	0.35	0.24	0.15	0.15	0.48	1.00						
Sr	0.17	0.49	-0.23	-0.17	-0.12	-0.19	-0.25	-0.18	-0.17	-0.11	-0.20	-0.23	-0.01	0.07	0.06	-0.04	0.29	-0.01	1.00					
Ba	-0.23	-0.23	-0.11	-0.30	-0.20	-0.23	-0.12	0.12	0.15	-0.30	0.25	0.13	-0.49	-0.26	-0.54	-0.33	-0.37	0.17	0.07	1.00				
砂	0.66	0.43	-0.79	-0.87	-0.85	-0.83	-0.82	-0.53	-0.56	-0.82	-0.56	-0.57	-0.75	-0.65	-0.71	-0.69	-0.65	-0.49	0.13	0.31	1.00			
粉砂	-0.41	-0.16	0.61	0.74	0.71	0.68	0.62	0.30	0.38	0.72	0.33	0.33	0.74	0.61	0.73	0.65	0.67	0.30	-0.01	-0.47	-0.93	1.00		
黏土	-0.88	-0.75	0.82	0.76	0.77	0.78	0.87	0.75	0.66	0.68	0.78	0.80	0.48	0.46	0.38	0.48	0.35	0.65	-0.30	0.11	-0.73	0.43	1.00	
Mz	-0.78	-0.59	0.84	0.88	0.86	0.85	0.89	0.63	0.64	0.80	0.69	0.70	0.70	0.60	0.62	0.63	0.57	0.59	-0.20	-0.17	-0.94	0.76	0.89	1.00

Mz：平均粒径

4.4　渤海湾现代沉积特征小结

本章对渤海湾表层沉积物的粒度特征、矿物含量分布特征和常、微量元素的分布特征进行了分析研究,得出如下结论。

(1) 渤海湾沉积物类型可划分为:砂(S)、粉砂质砂(zS)、砂质粉砂(sZ)、粉砂(Z)、砂质泥(sM)、泥(M)共 6 种类型。渤海湾沉积物粒度的频率分布显示出两种特征:①砂组分的频率峰,在南部多集中于 $\phi 3 \sim \phi 4$,在渤海湾西北部也多集中于 $\phi 3 \sim \phi 4$,而渤海湾东北部(曹妃甸浅滩、潮流沙脊、曹妃甸深槽区)则多集中于 $\phi 1.5 \sim \phi 2.5$,因此,滦河砂粒级更粗,而黄河和滦河砂粒级要偏细。②细粒组分的频率峰,在整个渤海湾几乎全部集中在 $\phi 6 \sim \phi 8$,只有北部曹妃甸海域集中在 $\phi 4 \sim \phi 6$,推断 $\phi 6 \sim \phi 8$ 的峰是黄河细粒物质向外(尤其是向渤海湾)搬运的特征粒度峰,$\phi 4 \sim \phi 6$ 的峰是滦河细粒物质搬运的特征粒度峰。

(2) 各粒组含量的高低值分布呈东西向延伸的条带状。黄河三角洲近岸、曹妃甸浅滩、水下潮流沙脊区,砂粒级含量高,平均粒径较粗;渤海湾中部、西北部、曹妃甸浅滩外侧,粉砂和黏土含量高,平均粒径较细。黄河三角洲近岸、曹妃甸浅滩沉积物分选较好,水下潮流沙脊区分选最差。曹妃甸深槽的西侧、水下沙脊的东南侧、黄河前三角洲外缘的沉积物为负偏度,其余海域为正偏度。

(3) 碎屑矿物共鉴定出 6 种轻矿物、29 种重矿物。渤海湾中部和北部的重矿物质量分数较大,其中又以曹妃甸沙岛群、老龙沟潮道、潮流沙脊最高。黑云母、白云母分布一致,均富集在黄河前三角洲的外缘;钛铁矿、石榴石、(斜)黝帘石富集于渤海湾北部;赤(褐)铁矿、阳起透闪石富集于渤海湾南部。R 型聚类显示,研究区有 3 种重矿物组合形式:①钛铁矿+石榴石组合;②黑云母+白云母组合;③普通辉石+(斜)黝帘石组合。

(4) 常量元素以 SiO_2 和 Al_2O_3 含量最高,CaO 次之。微量元素以 Ba、Sr 含量最高。元素含量的分布受"元素的粒度控制律"的主导控制作用。根据相关关系和 R 型聚类结果,可分出 3 个元素组合:① SiO_2、Na_2O 亲碎屑元素组合,沉积物粒度越粗,元素含量越高;② Al_2O_3、TFe_2O_3、MgO、Cu、Zn、Ni、K_2O、Cr、P_2O_5、Pb 亲黏土元素组合,沉积物粒度越细,元素含量越高;③ MnO、V、TOC 组合,与有机物的分解及由此导致的局部还原环境有关,为氧化还原环境敏感元素组合。

第 5 章 渤海湾现代沉积特征的环境意义

5.1 表层沉积物粒度特征的沉积环境意义

5.1.1 表层沉积物粒度特征对物质运移的指示

粒径趋势分析利用 Gao-Collins 的二维沉积物粒径趋势分析模型（Gao S. and Collins M. B., 1994）。根据粒径趋势矢量绘制的沉积物运移与汇集示意见图 5.1-1。据图显示，A、B、C、D、E 共 5 个区域为沉积物的汇集区域。

在渤海湾东北部，沉积物自现代滦河向西南搬运，在沙坝及水下岸坡形成了 A 汇集区。在老龙沟潮流通道南部表现为向南搬运，与自东北向西南的沙脊物质形成了 B 汇集区，沙脊有向外侧移动的倾向。在渤海湾北部曹妃甸南侧海域，沉积物整体表现为自东向西搬运；在渤海湾西北部近岸为自北向南的离岸搬运；在蓟运河河口外侧形成 C 汇集区。在渤海湾南部近岸，离岸后向北搬运形成 E 汇集区；顺岸搬运以黄河故道为界，故道以西，物质离岸后向西经黄骅港北侧向西北方向搬运，形成 D 汇集区；故道以东，物质离岸后向东南搬运至现今黄河口西侧的烂泥湾。渤海湾西南部海域的沉积物离岸后向北、东北搬运，在黄骅港西侧形成了 F 汇集区。

综合以上可以看出，在垂直岸线方向上，沿岸海域除渤海湾东北部的沙坝及水下岸坡为向岸搬运外，其他所有沿岸海域均为离岸搬运。在顺岸方向上，渤海湾北部整体为自东向西搬运；南部以黄河故道为界，故道以西向西经黄骅港向西北方向搬运，黄河故道以东顺岸向东南搬运至现今黄河口西侧的烂泥湾。

密蓓蓓等（2010）认为，近年来随着黄河口入海泥沙量的减少，河流的作用减小，入海泥沙导致淤积的影响范围仅限于河口周围，海洋动力对地形的塑造在起主导作用，黄河三角洲近岸海域广泛处于侵蚀状态。黄河口海域潮流为往复流，M_2 分潮流的椭圆长轴基本上与海岸线平行，波浪掀起近岸泥沙并随潮流输运,向西输送至渤海湾西部,向东南搬运至莱州湾西南部,向外侧搬运至渤海湾中部。黄河的物质供应不足以维持当前物质搬运,从而导致了侵蚀。

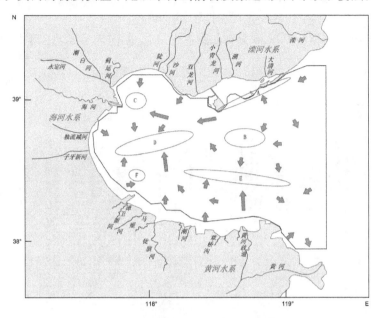

图 5.1-1　渤海湾沉积物运移与汇集示意图

5.1.2　表层沉积物粒度特征对沉积环境的指示

1988 年,丹麦学者 Pejrup 在 Folk 分类方法的基础上提出新的分类法,用以区分沉积环境及亚环境。以砂含量 10%、50%、90% 将沉积物划分为 A、B、C、D 四类,砂为推移组分,以砂的含量反映介质的流动强度,砂含量越高,介质的流动强度越大;然后以黏土与粉砂的含量比 4、1、1/4 为结构分类线将沉积物分为 Ⅰ、Ⅱ、Ⅲ、Ⅳ 四类,不同类型反映不同的介质扰动程度,从Ⅰ到Ⅳ,反映的介质扰动程度逐渐增强。以此法将砂-粉砂-黏土三角图划分为 16 个区,分别代表有差异的沉积动力环境。

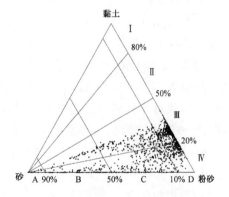

图 5.1-2　表层沉积物 Pejrup 分类散点图

(1) Pejrup 分类及类型分布

本区 Pejrup 分类散点散布如图

5.1-2 所示。散点图显示,本区内 A、B、C、D 四类沉积物均有,表明本区砂/泥比的跨度大,沉积动力环境强度差异明显;扰动性分类只有Ⅲ、Ⅳ两类,说明本区粉砂/黏土比均大于 1,环境扰动性整体较强。

本区沉积物类型 Pejrup 分类如图 5.1-3 所示,分布显示出以下特征:

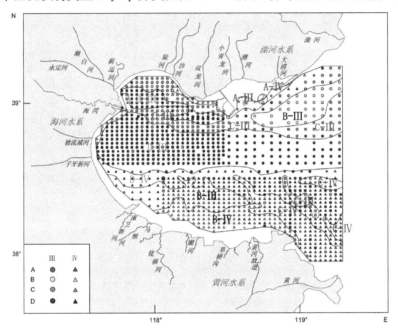

图 5.1-3　研究区沉积物 Pejrup 分类

① A 类仅出现在曹妃甸海域,砂含量高于 90%,以推移质为主,是介质动力强度最大的区域。其中沙岛沙坝为 A-Ⅲ型,泻湖及潮流通道为 A-Ⅳ型,沙岛沙坝水浅浪强,与后方泻湖及潮流通道相比,扰动性更强。

② B 类出现在两个区域,一个是潮流沙脊区,一个是渤海湾南部近岸区,推移质的砂仍是主要成分,含有部分粉砂和少量黏土的悬移组分。潮流沙脊区为 B-Ⅲ型,指示了强介质动力下的偏弱的扰动性;南部沿岸是 B-Ⅳ型,靠海一侧为 B-Ⅲ型,显示沿岸的扰动性更强,可能与波浪的沿岸输沙作用较强有关。

③ C 类在渤海湾北部呈东西向条带分布,北部沿岸一条,自海河口-曹妃甸深槽-沙脊南侧为另一条。C 类分布在渤海湾东南部,由岸向海依次为 C-Ⅳ、D-Ⅳ、C-Ⅲ、D-Ⅳ、C-Ⅳ。这一类型相间排列的现象可能是黄河口附近波浪和潮流强烈影响下的侵蚀作用形成的冲沟、塌陷、洼地等微地貌的响应。

④ D 类出现在三个区域。第一个是渤海湾西北部的中央(D-Ⅲ),第二个是曹妃甸深槽的西侧(D-Ⅲ),第三个是渤海湾中部的偏北侧(D-Ⅲ),这些区域

整体水深较深,推移质的砂含量非常低,沉积物以悬移质的粉砂和黏土的垂向叠加为主,水动力作用强度非常弱,扰动性也较弱。渤海湾的中部偏南侧及东南部的深水区(D-Ⅳ),这些区域在地貌上属于黄河三角洲水下岸坡的最外缘,水深水动力作用强度非常弱,但较高的粉砂/黏土比指示出强烈的扰动性,不适宜黏土的沉积。

⑤ 总体看来,Ⅲ类全部出现在渤海湾北部,Ⅳ类几乎全部出现在南部,说明渤海湾南部的扰动性比北部更强烈。

(2) 砂/泥比及其意义

Pejrup 分类第一步骤的实质是根据砂/泥比,以砂代表推移组分,泥(黏土＋粉砂)代表悬移组分,用该比值来反映介质运动强度和环境能量高低。研究区砂/泥比的等值线分布如图 5.1-4 所示。

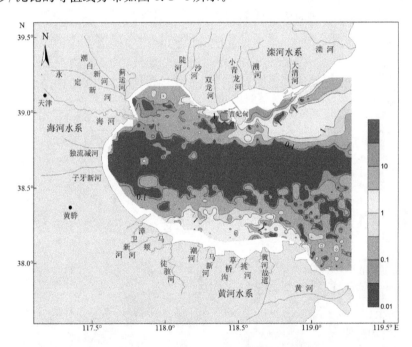

图 5.1-4　研究区砂/泥比等值线分布图

砂泥比最大的区域位于曹妃甸浅滩沙岛群(砂/泥＞9),是典型的高能环境。水下沙脊区(砂/泥 1~5)、南部近岸(砂/泥 1~5),环境能量偏强。渤海湾中部、西北部中央、曹妃甸深槽西侧(砂/泥＜0.1),为低能沉积环境。

(3) 黏土/粉砂的意义

黏土和粉砂虽同属悬移组分,其对环境的适应性不同,粉砂为递变悬浮组分,而黏土属于均匀悬浮组分。与粉砂相比,黏土由于粒级极细,沉降非常慢,只有在较为平静的低能环境下才能沉降,强扰动环境使表层沉积物稳定性低,已被掀动,不利于黏土的沉降。研究区黏土/粉砂比的等值线分布如图 5.1-5所示。

研究区黏土/粉砂比值普遍小于 1,整体的扰动性较强。黏土/粉砂比值最低的区域位于渤海湾南部,黄河三角洲沿岸,黏土/粉砂<0.05,属于Ⅳ型。这里均匀悬浮的黏土近乎缺失,波浪掀起泥沙并随沿岸流搬运,已发生大规模的侵蚀和海岸后退,属于强扰动环境。自南向北由岸向海,水深增大,黏土/粉砂比值逐渐增大,扰动性减弱。其次为曹妃甸浅滩沙岛沿线,向西一直延伸到陡河河口沿岸,黏土/粉砂<0.25,属于Ⅳ型,沙坝处水浅波浪扰动强,细粒易随潮流搬运,均匀悬浮组分少。自北向南由岸向海,水深增大,黏土/粉砂比值逐渐增大,扰动性减弱。渤海湾中北部、西北部的大片海域(特别指出水下潮流沙脊区)的黏土/粉砂比值较大,属于Ⅲ型,均匀悬浮组分占比增加,指示了较弱的扰动性环境。

黏土-粉砂二元系统的比值对于波浪的扰动作用具有较好的指示意义。

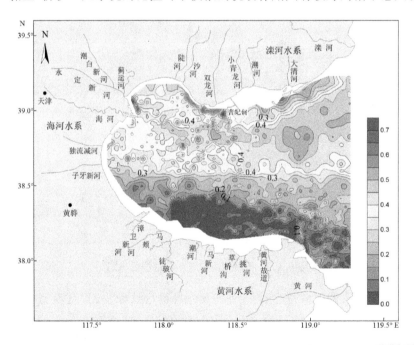

图 5.1-5 研究区黏土/粉砂比等值线分布图

5.2　表层沉积物碎屑矿物特征的沉积环境意义

碎屑矿物指数可以反映源区特性、沉积动力环境、物质运移和扩散等,常用的碎屑矿物指数有石英/长石、ZTR 指数、稳定指数、云母/石英、D_{hm} 指数等。

5.2.1　碎屑矿物指数对源区风化程度的指示

轻矿物的石英/长石指数。石英是稳定性极强的矿物,抗风化剥蚀能力强;长石则相对较为容易被风化。如果河流源区风化程度高,石英/长石比值会较大;风化程度低则石英/长石比值会较小。石英/长石指数在本质上反映了物质组成的成熟度(Wang X. and Miao X.,2006),高值可表征源区经历强化学风化作用;低值可表征源区以物理风化为主的快速剥蚀、搬运和堆积(Devine S. B. et al.,1972)。研究区石英/长石比值的等值线分布如图 5.2-1 所示。

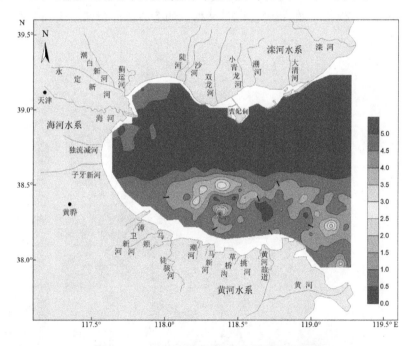

图 5.2-1　研究区石英/长石比等值线分布图

石英/长石比的高值区位于渤海湾南部,黄河三角洲的水下岸坡。黄河流程长,流经黄土高原,曾经历过强烈的化学风化作用,因此,由黄河物质堆积而成的三角洲沿岸富石英而贫长石,石英/长石比值较高。

石英/长石比的低值区位于渤海湾北部海域,石英/长石比值均低于 0.5。北部的粗粒物质多源自滦河物质,滦河流域植被茂密,自燕山经滦县出山后,下游流程短,物质快速入海,未经历强烈的化学风化,因此,沉积物中长石含量较高,石英/长石比值较低。

海河口附近的石英/长石比值略高。海河上游部分支流也流经黄土高原,且现今海河水系下游流域为古黄河在西岸入海时形成的三角洲,与黄河物源有一定的相似性,成熟度偏高。

5.2.2 碎屑矿物指数对物质运移的指示

(1) ZTR 指数

ZTR 指数可以用以指示沉积物的搬运距离和物源方向(和钟铧等,2001),为较为稳定的矿物锆石、电气石和金红石的百分含量之和。ZTR 指数越大,表明搬运距离越远(张连杰,2015),因此,山谷、盆地、湖泊等沉积物的汇集区往往呈现出较高的 ZTR 指数。研究区 ZTR 指数的等值线分布如图 5.2-2 所示。

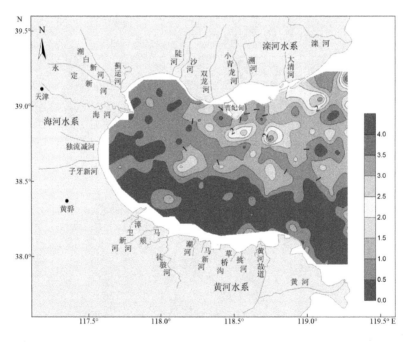

图 5.2-2 研究区 ZTR 指数等值线分布图

如图所示,ZTR 指数值在现代滦河河口南侧、曹妃甸深槽南侧、水下沙脊区较高,指示了自现代滦河口向南、自澙湖向南、自曹妃甸深槽向南向西的物质搬运。西北部海域中央的高 ZTR 指数值指示了沉积物的汇集中心。ZTR 指数值在渤海湾南部的近岸较低,向外海增高,指示了物质的近岸侵蚀、浅海汇集、自南向北搬运的特征。将 ZTR 指数的高值区与粒径趋势进行分析,显示出了相似的物质运移结果。

（2）稳定指数

物质在搬运沉积过程中,随着搬运距离越来越远,稳定矿物(SM)的含量会逐渐增高,不稳定矿物(UM)的含量逐渐减少(孔庆祥等,2014)。因此稳定指数 SM/UM 可以用来判断粗粒碎屑物质的搬运距离和方向。稳定矿物(SM)的矿物种类选择磁铁矿、钛铁矿、石榴石、磷灰石、榍石、锆石、电气石、金红石等理化性质稳定、不易风化的矿物;不稳定矿物(UM)选择角闪石族、辉石族矿物等易风化的矿物。渤海湾 SM/UM 比的等值线分布如图 5.2-3 所示。

渤海湾南部的稳定指数值较低,现代黄河三角洲于 1128 年黄河改道利津后形成,近代河口仍不断向海堆积。堆积物仍不断受到水动力环境的搬运和再分配,故稳定指数较低。渤海湾北部曹妃甸海域的 SM/UM 比值比较高,滦河碎屑物质主要在该区汇集。渤海湾西部独流减河和子牙新河河口沿岸,稳定指数值较小,而其南侧呈现高值,指示了沿岸向南搬运的特点。这一点与独流减河和子牙新河河口的粗粒沉积相对应。

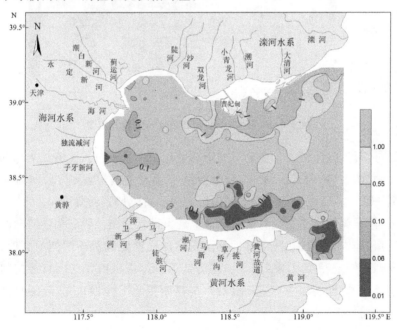

图 5.2-3　研究区稳定指数等值线分布图

5.2.3 碎屑矿物指数对水动力环境的指示

（1）云母/石英

云母类密度较小,较适宜在低能环境下发生沉积,而不适宜高能环境;石英为极稳定的矿物,多富集于海滩砂等粗粒碎屑矿物中,是高能沉积环境中的代表性矿物。因此,可以利用云母/石英比值表征水动力环境,高值代表低能沉积环境。渤海湾云母/石英比的等值线分布见图 5.2-4 所示。

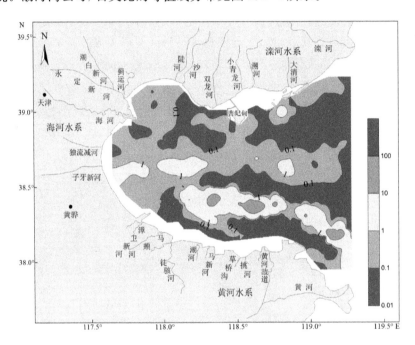

图 5.2-4 研究区云母/石英比等值线分布图

云母/石英的比值大小在渤海湾南部呈现条带状分布。比值在南部的沿岸较低,向北增高,再向北又降低,至渤海湾中部又增高,即表明水动力环境为强—弱—强—弱。渤海湾中部的高值区向西一直延伸到黄骅沿岸。

云母/石英的比值在渤海湾北部也呈现条带状分布。曹妃甸浅滩向西延伸到沙河口的沿岸为低值,沙岛群外侧潮道向西经曹妃甸深槽西侧为高值,潮流沙脊向西延伸至深槽南侧的水下沙坝为低值。这指示由北向南自曹妃甸沙岛群—潮流通道(冲刷深槽)—潮流沙脊(深槽南侧水下沙坝)—浅海的水动力环境为强—弱—强—弱。

（2）D_{hm}指数

矿物的分布除受到物源的直接控制外,由于海洋动力不断对沉积物进行改造,从而会对矿物的分布起到再分配作用。海洋动力对沉积物的改造与矿物的类别是无直接关系的,与其有关的只是颗粒的物理性质,除了粒径最重要的就是密度,只是特定的矿物具有特定的密度而已。因此,单纯分析某种矿物的含量分布没有显著意义。碎屑重矿物密度指数 D_{hm} 指数可以用以指示沉积物中碎屑颗粒的平均密度,D_{hm} 指数值越大,则表明沉积物颗粒的平均密度越大。D_{hm}指数的计算方法如下:

$$D_{hm} = \sum_{i=1}^{n} p_i v_i \quad i=1,2,3,\cdots,n$$

式中:p_i表示第 i 种重矿物的一般密度;v_i表示第 i 种重矿物的颗粒百分含量。

渤海湾重矿物 D_{hm} 指数的等值线分布如图 5.2-5 所示。渤海湾北部曹妃甸深槽、老龙沟潮流通道、潮流沙脊区的 D_{hm} 指数值较高(>3.2),说明大密度的碎屑颗粒含量高,抗侵蚀能力强,指示了强潮流冲刷环境。D_{hm} 指数的最高区域位于中南部(>4.0),周围均为低值区,主要是由较多的自生黄铁矿所致,推测该处形成了一个氧化环境下的局部低氧还原环境,可能与区域环流有关。

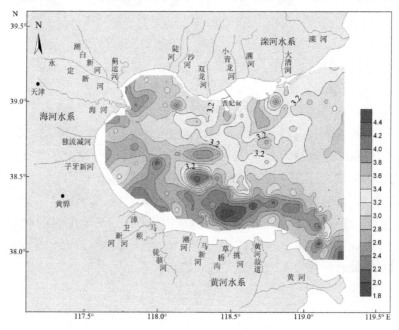

图 5.2-5　研究区重矿物 D_{hm} 指数等值线分布图

渤海湾西北部的低值区（<3.0）主要是由大量的角闪石矿物所致,指示了弱水动力下的低能沉积环境。渤海湾南岸沿岸海域的 D_{hm} 指数值较高（>2.8）,指示了强扰动的环境,小密度的矿物颗粒被搬运走,沿岸发生侵蚀。渤海东南部黄河三角洲沿岸的低 D_{hm} 指数值（<2.4）主要由大量云母族矿物所致。云母是黄河物质中的优势矿物类型,受近源沉积控制,在黄河水下三角洲大量富集。

云母具有片状结构,其沉积水力学行为与其他球粒状颗粒不同。Doyle L. J. 等（1983）经研究发现,由云母颗粒的厚度（h）、长度（a）、宽度（b）确定的 Corey 形态因子 CSF（CSF=$h/\sqrt{a \times b}$）,当其小于或等于 0.4 时,极细砂（0.063～0.125 mm,$\phi3$～$\phi4$）粒级的云母片与中粉砂（0.016～0.032 mm,$\phi5$～$\phi6$）粒级的球状石英呈水力等效（Hydraulic Equivalence）而沉积在一起。这是黄河中绝大部分云母碎屑都沉积在三角洲前缘区的主要原因（王琦等,1991）,黄河物源中云母的粒径以极细砂为主,云母的含量表现出与粉砂组分频率正相关的关系。此外,特殊的片状结构使得云母类颗粒间吸附性强、抗侵蚀能力较强。

5.2.4 碎屑矿物的组合分区

据 4.2 节的分析显示,不同海域的矿物含量存在显著差异,某些矿物的分布具有协同一致性。碎屑矿物的种类和含量,一方面受到物源的控制,与河流源区的母岩属性相关;另一方面受到海洋水动力的改造和再分配。由于碎屑矿物鉴定选用的是 0.063～0.125 mm 粒组,因此,针对碎屑矿物的组合分区研究对于了解粗粒推移组分的来源及区域海洋水动力特征具有较好的意义。

5.2.4.1 Q 型聚类分析

轻矿物中选择轻石英、斜长石、钾长石、轻云母、碳酸盐矿物（含生物碎屑）,重矿物中选择普通角闪石、绿帘石、（斜）黝帘石、黑云母、白云母、赤（褐）铁矿、钛铁矿、磁铁矿、阳起透闪石、石榴石、磷灰石、榍石、自生黄铁矿。本书以 Q 型聚类分析为基础,采用沃尔德法,距离计算采用欧式平方。

渤海湾可划分为 4 个碎屑矿物主分区:黄河矿物区、海河矿物区、滦河矿物区、渤海湾中部矿物区。同时基于各主分区内矿物组合和含量的分布差异,各自进行了基于沉积动力分异的矿物亚区分区。分区结果见图 5.2-6,各主分区及亚区的矿物含量见表 5.2-1,主分区矿物含量对比见图 5.2-7。

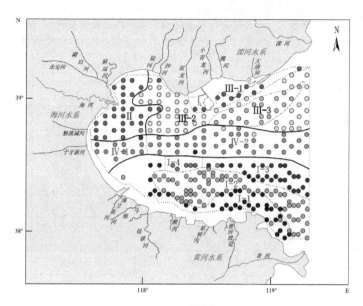

图 5.2-6　表层沉积物碎屑矿物组合分区图

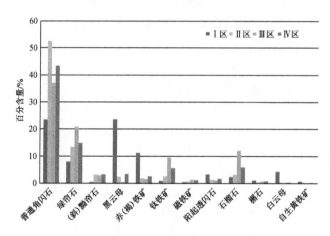

图 5.2-7a　主分区各重矿物含量对比

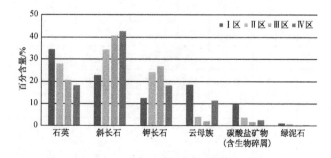

图 5.2-7b　主分区各轻矿物含量对比

表 5.2-1　各主分区及亚区的矿物平均含量一览表　　　　单位:%

分区	普通角闪石	绿帘石	黑云母	赤(褐)铁矿	钛铁矿	石榴石	(斜)黝帘石	阳起透闪石
Ⅰ区	23.5	7.9	23.6	11.2	0.9	2.2	0.4	3.2
Ⅰ-1区	30.8	11.7	10.7	10.8	0.5	2.6	0.6	6.7
Ⅰ-2区	11.8	2.8	40.8	10.9	0.6	0.8	0.2	1.6
Ⅰ-3区	46.1	17.4	1.2	6.8	2.4	6.0	1.0	2.3
Ⅰ-4区	14.9	3.9	7.4	44.9	0.4	1.1	0.3	1.4
Ⅱ区	52.4	13.4	2.3	1.8	2.5	3.1	3.2	1.2
Ⅲ区	37.0	20.8	0.4	1.5	9.6	12.0	2.9	1.1
Ⅲ-1区	25.2	20.6	0.0	0.9	19.0	17.0	2.9	1.2
Ⅲ-2区	43.5	20.2	0.6	1.8	5.9	8.9	2.9	1.3
Ⅲ-3区	25.9	22.6	0.0	0.9	14.5	17.4	2.7	0.7
Ⅳ区	43.4	14.4	3.3	2.5	5.6	6.0	3.2	1.6
Ⅳ-1区	51.4	7.2	7.1	2.7	1.7	1.6	3.2	2.1
Ⅳ-2区	41.6	16.7	2.4	2.5	6.5	7.0	3.1	1.5

分区	榍石	白云母	自生黄铁矿	石英	斜长石	钾长石	轻云母	碳酸盐矿物(含生物碎屑)
Ⅰ区	1.0	4.4	0.6	34.4	22.9	12.5	18.5	9.9
Ⅰ-1区	1.2	1.2	0.2	42.8	33.6	14.7	3.3	3.2
Ⅰ-2区	0.5	7.8	0.4	26.4	17.9	9.3	34.2	10.8
Ⅰ-3区	2.4	0.1	1.0	44.3	22.5	19.6	0.4	11.0
Ⅰ-4区	0.7	4.9	6.4	27.1	7.8	3.9	11.6	48.5
Ⅱ区	0.4	0.2	0.1	27.9	34.2	24.2	4.2	3.8
Ⅲ区	0.7	0.1	0.0	20.7	40.7	26.8	2.1	1.6
Ⅲ-1区	0.7	0.1	0.0	20.8	41.4	27.3	1.4	1.0
Ⅲ-2区	0.7	0.1	0.0	20.5	40.5	26.8	2.8	1.8
Ⅲ-3区	0.8	0.1	0.0	21.0	40.9	26.6	0.6	1.4
Ⅳ区	0.7	0.2	0.1	18.2	42.7	18.2	11.4	2.6
Ⅳ-1区	0.4	0.4	0.5	16.7	41.5	14.9	18.1	2.5
Ⅳ-2区	0.8	0.2	0.0	18.5	42.9	19.0	9.8	2.7

5.2.4.2 碎屑矿物组合分区

（1）黄河矿物区（Ⅰ区）

重矿物优势矿物组合为黑云母-普通角闪石-赤（褐）铁矿-绿帘石，各优势矿物含量分别为黑云母 23.6%、普通角闪石 23.5%、赤（褐）铁矿 11.2%、绿帘石 7.9%。轻矿物优势矿物组合为石英-斜长石-云母族，各优势矿物含量分别为石英 34.4%、斜长石 22.9%、云母族 18.5%。

Ⅰ区位于渤海湾南部，黄河三角洲北侧。该区独有的突出特征就是高含量的黑云母、赤（褐）铁矿、石英。黄河口沉积物和黄土组成一致，黄河物源的碎屑物主要来源于黄土高原，富含黑云母（林晓彤等，2003）。石英/长石指数平均值为 1.1，为研究区最高，黄河源区经历强烈的风化作用，令石英含量高、长石含量低。Ⅰ区的碎屑物质主要来源于黄河。

来自黄河的物源入海后，不同粒级和矿物密度的颗粒发生沉积分异，同时由于强烈的波浪作用和顺岸潮流作用，Ⅰ区呈现出矿物组合和含量差异明显的 4 个亚区。Ⅰ区各亚区的矿物含量对比如图 5.2-8a、b 所示。

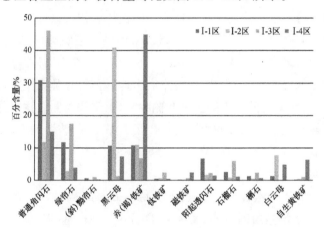

图 5.2-8a　Ⅰ区各亚区重矿物含量对比

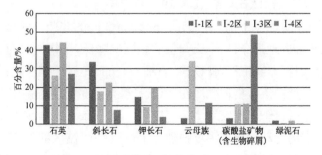

图 5.2-8b　Ⅰ区各亚区轻矿物含量对比

①Ⅰ-1 区

重矿物优势矿物组合为普通角闪石-绿帘石-赤（褐）铁矿-黑云母,各优势矿物含量分别为普通角闪石 30.8%、绿帘石 11.7%、赤（褐）铁矿 10.8%、黑云母 10.7%。轻矿物优势矿物组合为石英-斜长石-钾长石,各优势矿物含量分别为石英 42.8%、斜长石 33.6%、钾长石 14.7%。

Ⅰ-1 区位于黄河三角洲沿岸,沿岸受到波浪的强扰动作用,以高含量的稳定矿物石英、绿帘石、石榴石,低含量的云母为特征。属于典型的沿岸高能沉积环境。

②Ⅰ-2 区

重矿物优势矿物组合为黑云母-普通角闪石-赤（褐）铁矿-白云母,各优势矿物含量分别为黑云母 40.8%、普通角闪石 11.8%、赤（褐）铁矿 10.9%、白云母 7.8%。轻矿物优势矿物组合为云母族-石英-斜长石,各优势矿物含量分别为云母族 34.2%、石英 26.4%、斜长石 17.9%。

Ⅰ-2 区位于黄河水下三角洲前缘区,以高含量的黑云母、赤（褐）铁矿为主要特征,平均含量达 40.8%,部分站位高达 90%,是整个渤海湾规模最大、远超其他海域的云母汇集区。云母是黄河物源的优势矿物,云母由于特殊的片状结构,与同粒径的其他矿物颗粒相比沉降较慢,极细砂粒级的碎屑云母与中粉砂粒级的石英的沉降水力等效(Doyle L. J. et al.,1983;王琦等,1991),与粉砂的分布较为相似(详见 5.2.3 节)。海岸突出地形会引起挑流作用,Ⅰ-2 区的分布呈马鞍形,向北突出的人工防护堤北侧收窄,东侧和西侧放宽,可能与地形导致的潮流差异有关。与Ⅰ-1 区相比,Ⅰ-2 区水深更深,波浪的扰动强度显著减弱,潮流作用增强。

③Ⅰ-3 区

重矿物优势矿物组合为普通角闪石-绿帘石-赤（褐）铁矿-石榴石,各优势矿物含量分别为普通角闪石 46.1%、绿帘石 17.4%、赤（褐）铁矿 6.8%、石榴石 6%。轻矿物优势矿物组合为石英-斜长石-钾长石,各优势矿物含量分别为石英 44.3%、斜长石 22.5%、钾长石 19.6%。

Ⅰ-3 区位于黄河水下前三角洲的外缘,Ⅰ-2 区的北侧。该区主要特征是在与Ⅰ-2 区相邻的地理条件下,云母类含量巨幅降低,平均值仅为 1%;取而代之的是普通角闪石和绿帘石,钛铁矿、石榴石、榍石等极稳定矿物的显著增加。从沉积物类型上看,该区出现砂质粉砂,其砂粒级含量比周围都要高,水介质的动力强度强,Ⅰ-3 区似乎呈现为 NE-SW 走向的一条水下沙坝。黏土/粉砂比显示,这一区域的扰动性比周围更强烈。Ⅰ-3 区是强流区的外侧,可能形成了海底的离岸沙坝。尽管在Ⅰ-3 区发现了在粒度和矿物特征上与周围的明显差异,但尚未有海底地形方面的相关研究发现证实这一离岸沙坝的存在。

④Ⅰ-4区

重矿物优势矿物组合为赤(褐)铁矿-普通角闪石-黑云母-自生黄铁矿,各优势矿物含量分别为赤(褐)铁矿44.9%、普通角闪石14.9%、黑云母7.4%、自生黄铁矿6.4%。轻矿物优势矿物组合为碳酸盐矿物(含生物碎屑)-石英-云母族,各优势矿物含量分别为碳酸盐矿物(含生物碎屑)48.5%,石英27.1%,云母族11.6%。

Ⅰ-4区的位置已接近于渤海湾的中部,黄骅港东北部。这一区域最为突出的特征是超高含量的赤(褐)铁矿(高达44.9%)、自生黄铁矿(高达6.4%)和碳酸盐矿物(含生物碎屑)(高达48.5%),在整个渤海湾为最高值。赤(褐)铁矿和碳酸盐矿物也是黄河物源的特征矿物。自生黄铁矿的形成需要还原性环境,弱水动力条件、细粒物质和有机物的富集有利于还原性环境的形成和铁的絮凝。该区水深较深、细粒物质含量高、有机碳含量比周围要高,有机质的分解易导致缺氧,推测该区还原环境可能与由黄骅港的挡沙堤引起的局部环流有关。

(2)海河矿物区(Ⅱ区)

重矿物优势矿物组合为普通角闪石-绿帘石-(斜)黝帘石-石榴石,各优势矿物含量分别为普通角闪石52.4%、绿帘石13.4%、(斜)黝帘石3.2%、石榴石3.1%。轻矿物优势矿物组合为斜长石-石英-钾长石,各优势矿物含量分别为斜长石34.2%、石英27.9%、钾长石24.2%。

Ⅱ区位于海河水系的近岸,海河口附近。主要特征为普通角闪石含量在所有分区中最高,指示了低能的稳定沉积环境。该区石英/长石指数平均值为0.5,成熟度较黄河矿物区低,赤(褐)铁矿及云母含量也远低于黄河矿物区。Ⅱ区碎屑物质主要来源于海河水系。

(3)滦河矿物区(Ⅲ区)

重矿物优势矿物组合为普通角闪石-绿帘石-石榴石-钛铁矿,各优势矿物含量分别为普通角闪石37%、绿帘石20.8%、石榴石12%、钛铁矿9.6%。轻矿物优势矿物组合为斜长石-钾长石-石英,各优势矿物含量分别为斜长石40.7%、钾长石26.8%、石英20.6%。

Ⅲ区位于渤海湾北部,本区的突出特征为具有整个渤海湾中含量最高的石榴石(高达12.0%)、钛铁矿(高达9.6%)、钾长石(高达26.8%)和斜长石(40.7%)。与前人研究得出的滦河高含量特征矿物为石榴石(韩宗珠等,2013)、钾长石(刘建国,2007)一致。石英/长石指数平均值为0.3,物源的成熟度远低于黄河矿物区和海河矿物区。Ⅲ区的碎屑矿物主要由滦河水系供应。

Ⅲ区地貌复杂,古滦河曾在小青龙河、溯河一带入海,形成了独特的古三角洲及沙坝-泻湖体系。滦河北迁后,古滦河河口沉积被现今水动力条件不断改造。沙坝演化为现今的曹妃甸沙岛群,泻湖经潮流作用改造,沙岛之间形成了老龙沟等潮流通道,曹妃甸南侧形成了冲刷深槽和水下沙坝。曹妃甸东南侧海域存在一个水下的潮流沙脊。不同地貌之下差异性显著的动力对沉积物进行改造和再分配,令Ⅲ区呈现出矿物组合和含量差异明显的 3 个亚区。Ⅲ区各亚区的矿物含量对比如图 5.2-9a、图 5.2-9b 所示。

① Ⅲ-1 区

重矿物优势矿物组合为普通角闪石-绿帘石-钛铁矿-石榴石,各优势矿物含量分别为普通角闪石 25.2%、绿帘石 20.6%、钛铁矿 19%、石榴石 17%。轻矿物优势矿物组合为斜长石-钾长石-石英,各优势矿物含量分别为斜长石 41.4%、钾长石 27.3%、石英 20.8%。

Ⅲ-1 区位于曹妃甸沙岛群及后方泻湖,其突出特征是具有超高含量的钛铁矿和石榴石。由于浅滩处长期经受波浪的强烈掀动和潮流的搬运,低密度及细粒的颗粒被搬运走,留下了大量的粗粒及大密度的稳定矿物。该亚区是强扰动的高能沉积环境。

② Ⅲ-2 区

重矿物优势矿物组合为普通角闪石-绿帘石-石榴石-钛铁矿,各优势矿物含量分别为普通角闪石 43.5%、绿帘石 20.2%、石榴石 8.9%、钛铁矿 5.9%。轻矿物优势矿物组合为斜长石-钾长石-石英,各优势矿物含量分别为斜长石 40.5%、钾长石 26.8%、石英 20.5%。

Ⅲ-2 区位于曹妃甸冲刷深槽的东、西两侧,潮流的往复性使得其矿物组合没有明显分异。与Ⅲ-1 区、Ⅲ-3 区相比,该区大密度的稳定矿物(钛铁矿、石榴石)含量要低得多,取而代之的是高含量的普通角闪石,出现了约 3% 的云母。该区水动力条件在 3 个亚区中相对较弱,但其钛铁矿、石榴石的含量也仍是黄河、海河矿物区难以企及的。

③ Ⅲ-3 区

重矿物优势矿物组合为普通角闪石-绿帘石-石榴石-钛铁矿,各优势矿物含量分别为普通角闪石 25.9%、绿帘石 22.6%、石榴石 17.4%、钛铁矿 14.5%。轻矿物优势矿物组合为斜长石-钾长石-石英,各优势矿物含量分别为斜长石 40.9%、钾长石 26.6%、石英 21%。

Ⅲ-3 区位于曹妃甸东南的水下潮流沙脊区。该区与Ⅲ-1 区极为相似,突出特征也是具有超高含量的石榴石和钛铁矿;与Ⅲ-1 区略有不同的是,本区的石榴石含量超过了钛铁矿。钛铁矿的密度比石榴石大,也更能抵抗高能扰动环境的侵蚀,因此,Ⅲ-3 区属于高能扰动环境,但其强度要低于Ⅲ-1 区。

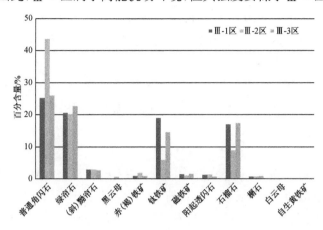

图 5.2-9a　Ⅲ区各亚区重矿物含量对比

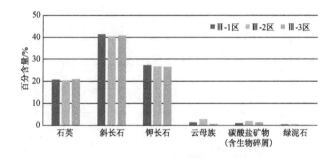

图 5.2-9b　Ⅲ区各亚区轻矿物含量对比

（4）渤海湾中部矿物区（Ⅳ区）

重矿物优势矿物组合为普通角闪石-绿帘石-石榴石-钛铁矿,各优势矿物含量分别为普通角闪石 43.4％、绿帘石 14.9％、石榴石 6％、钛铁矿 5.6％。轻矿物优势矿物组合为斜长石-石英,各优势矿物含量分别为斜长石 42.7％、石英 18.2％。

Ⅳ区位于渤海湾的中部,其矿物含量处于中等水平,在整体上没有明显的物源特征指示矿物。该区的斜长石含量高,含有一定的石榴石,与滦河矿物区相似;含有一定的云母和赤(褐)铁矿,又与黄河矿物区相似;主要矿物普通角闪石、绿帘石又与海河矿物区相似。综上,本区碎屑沉积物应受多物源影响。

根据西部和东部的差异,又可分为 2 个亚区。Ⅳ区各亚区矿物含量对比如图 5.2-10a、图 5.2-10b 所示。

① Ⅳ-1 区

重矿物优势矿物组合为普通角闪石-绿帘石-黑云母-(斜)黝帘石,各优势矿物含量分别为普通角闪石 51.4%、绿帘石 7.2%、黑云母 7.1%、(斜)黝帘石 3.2%。轻矿物优势矿物组合为斜长石-云母族-石英,各优势矿物含量分别为斜长石 41.5%、云母族 18.1%、石英 16.7%。

Ⅳ-1 区位于子牙新河河口及南侧近岸,具有高含量的普通角闪石、一定量的黑云母和赤(褐)铁矿,为海河物源和黄河物源的共同供应区。该区小密度矿物含量高,为低能沉积环境。

② Ⅳ-2 区

重矿物优势矿物组合为普通角闪石-绿帘石-石榴石-钛铁矿,各优势矿物含量分别为普通角闪石 41.6%、绿帘石 16.7%、石榴石 7%、钛铁矿 6.5%。轻矿物优势矿物组合为斜长石-钾长石-石英,各优势矿物含量分别为斜长石 42.9%、钾长石 19%、石英 18.5%。

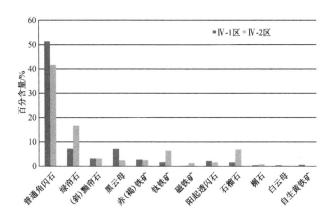

图 5.2-10a　Ⅳ区各亚区重矿物含量对比

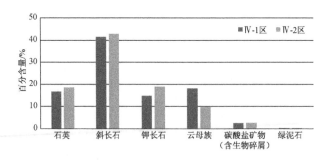

图 5.2-10b　Ⅳ区各亚区轻矿物含量对比

Ⅳ-2 区位于渤海湾中东部,含有一定的石榴石和钛铁矿,也含有一定的黑云母和赤(褐)铁矿,为黄河物源和滦河物源的共同供应区。以小密度的普通角闪石、绿帘石为主,属于低能沉积环境。

综合以上各矿物主分区的矿物含量和组合分布的差异,各河流物源均有各自的碎屑矿物主控分区(图 5.2-11)。黄河的特征矿物主要是高含量的黑云母、赤(褐)铁矿和石英,黄河碎屑物质主要分布在渤海湾的南部,黄河碎屑物质影响力向北逐渐减弱。滦河的特征矿物主要是高含量的钛铁矿、石榴石和钾长石,滦河碎屑物质主要分布在渤海湾北部和东北部,影响力较强,略次于黄河,向西、向南逐渐减弱。海河的特征矿物主要是高含量的普通角闪石和绿帘石,海河碎屑物质主要分布在渤海湾西北部近岸,影响力较弱。渤海湾中部砂粒级组分含量较低,西侧为海河和黄河共同供给,东侧为黄河和滦河共同供给。

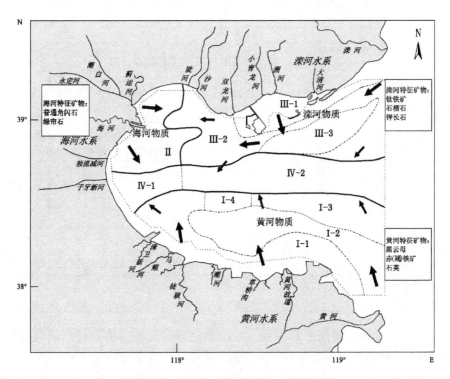

图 5.2-11　渤海湾碎屑矿物物源示意图

5.2.4.3　碎屑矿物指标对分区的物源指示

图 5.2-12 显示了各取样点的石英、长石含量的散点分布情况,并叠加了前人研究的三条主要河流的特征值,见表 5.2-2。

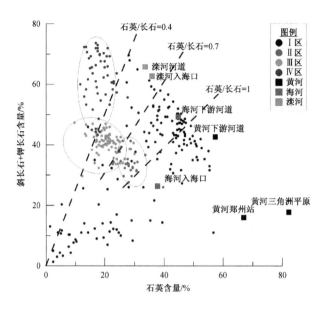

图 5.2-12　渤海湾石英、长石含量的散点分布

表 5.2-2　各河流物质的轻矿物成熟度

河流	黄河			滦河 (中国科学院海洋研究所 海洋地质研究室,1985)		海河 (王艳君, 2017)	
样品 位置	郑州站 (王中波 等,2010)	下游河道 (洛口) (张义丰 等,1983)	三角洲平 原(渔洼) (张义丰 等,1983)	河道	入海口	下游 河道	入海 口
石英/%	66.9	57.3	82.2	33.6	35.9	44.7	9.77
长石/%	16.0	42.7	17.8	65.8	62.8	49.3	5.46
石英/ 长石	4.18	1.34	4.62	0.51	0.57	0.91	1.79

　　关于重矿物的特征矿物端元。重矿物组合是敏感的物源指示剂(赵红格等,2003),物源端元的建立对陆源入海沉积物的物质来源识别极为重要。基于重矿物分布的区域差异,以黑云母＋白云母＋赤(褐)铁矿(黄河特征重矿物组合)、钛铁矿＋石榴石(滦河特征重矿物组合)、普通角闪石(海河高含量特征重矿物)为 3 个单元做三维散点图(图 5.2-13)。可以发现,Ⅰ区、Ⅱ区、Ⅲ区能较好地成簇状聚集,指示单一物源的主导控制;Ⅳ区较为分散,指示多物源属性。

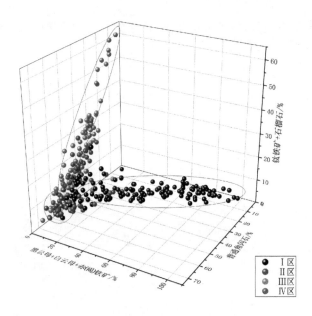

图 5.2-13　渤海湾重矿物三端元散点分布

5.3　表层沉积物元素地球化学特征的沉积环境意义

5.3.1　元素指数对沉积环境的指示

化学蚀变指数(CIA)、化学风化指数(CIW)比值是反映化学风化强度的重要指标,对于反映沉积物源区风化程度具有重要意义(曾方明等,2015)。

(1)化学蚀变指数(CIA)

长石是岩石中的重要组成部分,随着母岩风化程度的加深,化学风化作用会使长石蚀变成黏土矿物。CIA 指数采用由 Mclennan S. M.(1993)提出的计算方法:$CIA=[Al_2O_3/(Al_2O_3+CaO^*+Na_2O+K_2O)]\times100$。式中的 CaO^* 为硅酸盐矿物中的氧化钙,$CaO^*=CaO-(10/3\times P_2O_5)$,如果校正后的 CaO 的摩尔数小于 Na_2O 的摩尔数,则采用校正后的 CaO 摩尔数作为 CaO^* 的摩尔数;反之,则采用 Na_2O 的摩尔数作为 CaO^* 的摩尔数(刘兵等,2007)。CIA 指示了硅酸盐矿物的化学风化强度,也就是长石发生化学风化,蚀变成黏土矿物的程度。

渤海湾西部、南部、中部绝大部分海域的 CIA 值较高,介于 66~74(图 5.3-1)。

由于流经黄土高原地区,携带大量黄土,曾经受长期的化学风化作用,导致黄河物质的高 CIA 值。这指示出黄河物质在渤海湾海域具有主导地位。渤海湾北部 CIA 值较低,介于 55～62,该区受滦河物质的近源沉积影响,滦河流程短,物质以物理风化为主,长石类沉积物含量高,指示出来自滦河的物质仅在北部局部小范围海域具有影响力。

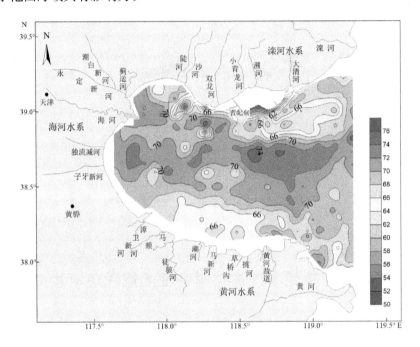

图 5.3-1　研究区 CIA 等值线分布图

(2) 化学风化指数(CIW)

CIW 的计算方法:$CIW = [Al_2O_3/(Al_2O_3 + CaO^* + Na_2O)] \times 100$。该指数可以反映物质中 Al_2O_3 在不稳定矿物中所占的比例,CIW 值越大,指示的化学风化作用越强。渤海湾 CIW 的等值线分布如图 5.3-2 所示。

CIW 的分布与 CIA 相似。在渤海湾西部、中部、南部数值较高,指示出黄河物源的化学风化程度较高;在北部较低,指示出滦河物源化学风化程度较低。

5.3.2　元素指数对物源和物质扩散的指示

海河水系的支流也流经黄土高原,且下游流经的平原区为古黄河在渤海湾西岸入海时堆积的古三角洲,也具有富 Ca 的特征,海河物源与黄河物源的相似性较大。另外由于元素受粒度控制明显,海河物源与黄河物源均以细粒为

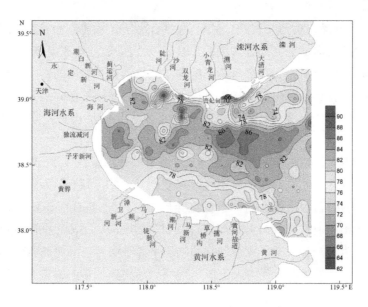

图 5.3-2　研究区 CIW 等值线分布图

主,难以根据元素区分物源。考虑到海河的年输沙量与黄河和滦河相比较小,因此选择计算黄河和滦河的指数。

(1) 判别函数

黄河中游流经黄土高原地区,黄土中富含碳酸盐,黄河携带的泥沙以具有高含量的 Ca 为主要特征(杨作升等,1989)。而滦河物质中的 CaO 含量较低,因此可以通过 CaO 含量的分布来研究黄河物质的物源贡献及黄河物质的扩散(表 5.3-1)。

判别函数是用以判断 2 个样品之间接近程度的一个函数。判别函数的计算方法为 $DF = |(Ca/Al)_{样品}/(Ca/Al)_{河流} - 1|$。Al 元素用于消除元素的粒度控制效应。据此可以计算出研究区所有站位样品与河流物源的接近程度,某站位的 DF 值越接近 0,则表明研究区沉积物越接近河流沉积物组成。

表 5.3-1　黄河、滦河的常、微量元素含量

元素	Al_2O_3	SiO_2	Fe_2O_3	MgO	MnO	CaO	Na_2O	来源
黄河	9.20	62.68	3.15	1.39	0.06	4.60	2.20	(赵一阳等,1994)
滦河	9.05	73.93	2.10	0.80	0.04	1.53	3.19	(刘建国,2007)
元素	K_2O	TiO_2	Cu	Zn	Cr	Sr	Ba	来源
黄河	1.94	0.60	13.00	40.00	60.00	220.00	540.00	(赵一阳等,1994)
滦河	2.35	0.22	10.67	35.07	36.53	375.60	816.90	(刘建国,2007)

注:Cu、Zn、Cr、Sr、Ba 的单位为 ppm,其余的单位为%。

渤海湾样品与黄河物质的Ca/A1判别函数分布见图5.3-3a。从图中可以看出,渤海湾西南部绝大部分海域的Ca/A1判别函数均小于0.5,与黄河物质较为接近,说明黄河物质在渤海湾占据主导地位。黄河物质的影响力自西南向东北逐渐减弱,也指示出黄河物质自黄河三角洲向周围扩散。黄河物质的Ca/A1判别函数在研究区东北部和北部沿岸大于0.5,指示出黄河物质在这些区域的影响力减弱。

渤海湾样品与滦河物质的Ca/A1判别函数分布见图5.3-3b。从图中可以看出,研究区东北部和北部沿岸滦河物质的Ca/A1判别函数小于0.5,与滦河物质较为接近,说明滦河物源占据主导地位。泻湖、现代滦河口的判别函数最小,指示出滦河水系物质自泻湖区、滦河口向南扩散。潮流沙脊的判别函数也较小,这也进一步证实了潮流沙脊的物质来源于滦河。渤海湾西南部绝大部分海域的Ca/A1判别函数均大于0.5,说明滦河物质的影响力自东北向西南逐渐减弱。

(2) 物源指数

端元模型最早被应用于生物群落研究,后来被地质学家Yu L.和Frank O.(1989)引用对物源的端元进行判别。物源指数(PI)的计算方法如下:

$$PI = A_{i1}/(A_{i1} + A_{i2})$$

$$A_{i1} = \sum_{i=1}^{n} \mid C_{ix} - C_{i1} \mid /range(i_{x,1})$$

$$A_{i2} = \sum_{i=1}^{n} \mid C_{ix} - C_{i2} \mid /range(i_{x,2})$$

式中:A_{i1}代表第i种元素样品与端元1的接近程度;C_{ix}代表样品中第i种元素含量;C_{i1}代表端元1中第i种元素含量;range(i_x,1)代表第i种元素的含量跨度(即最大值减去最小值)。据此方法计算端元2的参数。PI值的范围是0~1,PI值越接近0,说明样品与端元1越相似,PI值越接近1则说明样品与端元2越相似。本书选取Fe、Mg、Mn、Ca、Ti、Cu、Zn、Cr、Sr、Ba进行计算。

图5.3-4显示了物源指数(PI)的分布。整个渤海湾物源指数介于0.26~0.7,绝大部分海域的物源指数值都小于0.4,说明与端元1(黄河物源)更为相似;北部近岸海域物源指数值大于0.5,尤其是在曹妃甸沙岛群、潮流沙脊,以及北部沿海的陡河、沙河、双龙河河口附近,说明其与端元2(滦河物源)更为接近。反映出的结果与CIA、判别函数相一致。

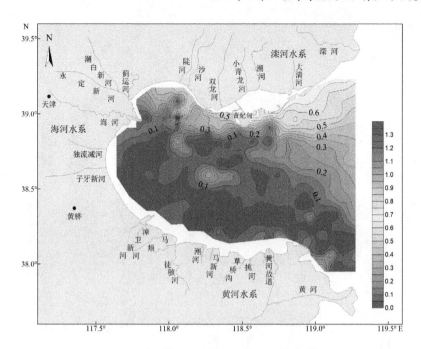

图 5.3-3a 渤海湾黄河物源 Ca/Al 判别函数

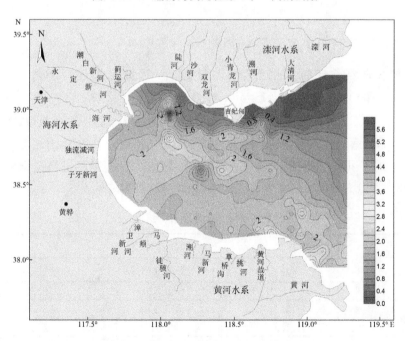

图 5.3-3b 渤海湾滦河物源 Ca/Al 判别函数

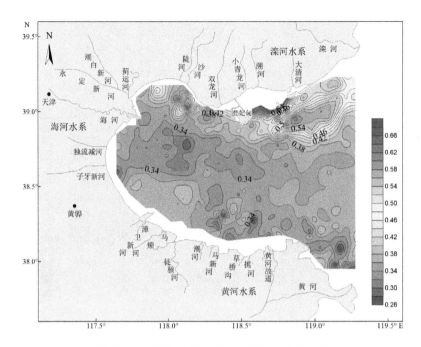

图 5.3-4　渤海湾黄河物源指数等值线分布图

5.3.3　元素的因子分析对沉积环境的指示

本书的因子分析采用 SPSS 软件进行,常量元素选择 SiO_2、Al_2O_3、TFe_2O_3、MgO、MnO、CaO、Na_2O、K_2O、TiO_2、P_2O_5、$CaCO_3$、TOC 共 12 种,微量元素选择 Cu、Ni、Pb、Zn、Cr、Sr、Ba、V 共 8 种。取样适切性量数(KMO)为 0.905,非常适宜做因子分析。因子提取方法采用主成分分析法,分析基于相关性矩阵,成分得分采用回归法。分析结果共提取了 6 个因子,总方差解释累计 92.75%。总方差解释结果见表 5.3-2,各成分载荷矩阵见表 5.3-3。

表 5.3-2　总方差解释结果

成分	初始特征值		
	总计	方差百分比/%	累计/%
1	11.97	59.83	59.83
2	3.17	15.87	75.70
3	1.36	6.81	82.51
4	1.11	5.57	88.08
5	0.50	2.52	90.60
6	0.43	2.15	92.75

表5.3-3　各成分载荷矩阵

成分矩阵	成分					
	1	2	3	4	5	6
SiO_2	-0.87	0.42	-0.11	-0.10	0.02	0.03
Al_2O_3	0.95	-0.06	-0.15	0.07	0.01	0.08
TFe_2O_3	0.98	0.17	-0.04	-0.06	0.00	-0.02
MgO	0.97	0.08	0.01	0.01	0.03	0.04
MnO	0.77	0.39	0.03	0.22	0.21	-0.10
CaO	0.61	0.44	0.53	-0.20	-0.02	-0.25
Na_2O	-0.60	0.65	0.05	0.35	-0.01	-0.02
K_2O	0.77	-0.25	-0.26	0.42	-0.14	-0.04
TiO_2	0.75	0.37	0.09	-0.32	0.06	0.38
P_2O_5	0.75	-0.50	0.18	-0.14	0.09	0.28
Cu	0.97	0.10	-0.11	0.05	-0.07	-0.07
Ni	0.97	-0.12	-0.02	-0.09	-0.07	0.00
Pb	0.75	-0.25	0.08	0.03	0.49	-0.09
Zn	0.91	0.24	-0.08	0.04	-0.09	-0.10
Cr	0.79	-0.37	-0.09	0.14	-0.29	0.06
Sr	-0.14	0.33	0.74	0.48	-0.10	0.22
Ba	-0.14	-0.80	0.21	0.44	0.17	-0.03
V	0.72	0.63	-0.01	0.02	0.06	-0.03
TOC	0.76	0.38	-0.25	0.27	-0.03	0.03
$CaCO_3$	-0.59	-0.41	0.50	-0.24	-0.20	-0.20

图5.3-5所示为各因子得分的平面分布。综合探讨主成分分析的结果如下：

① 成分1

成分1的方差贡献占比为59.83%,其中Al_2O_3、TFe_2O_3、MgO、MnO、CaO、K_2O、TiO_2、P_2O_5、Cu、Ni、Pb、Zn、Cr、V、TOC、$CaCO_3$均呈现较强的正载荷(0.60～0.98),而SiO_2、Na_2O呈现较强的负载荷(-0.87～-0.60)。Al_2O_3是黏土矿物的主要组成元素,绝大多数的重金属元素易受细粒物质吸附作用的影响,进而导致元素的富集。而SiO_2是陆源碎屑石英的主要组成元素,Na是斜长石的主要组成元素,二者均易富集于粗粒沉积物中,是"元素的粒度控制律"(赵一阳,1983)中的第二种模式。成分1的得分与平均粒径为显著正相关(相关系数0.89),其分布状况与平均粒径极为相似。载荷较弱的Sr、Ba、Ca都为与海洋自生因素密切相关的元素。因此,可以判断成分1的正载荷代表了陆源细粒碎屑沉积,负载荷代表了陆源粗粒碎屑沉积,其得分表征了沉积物的粒度大小对元素分布的主导控制作用。根据粒度的影响因素,推测成分1可能受物源供应的位置及物质粒级配比、波浪和潮流水动力强度及区域淤蚀状况等多重因素的影响。

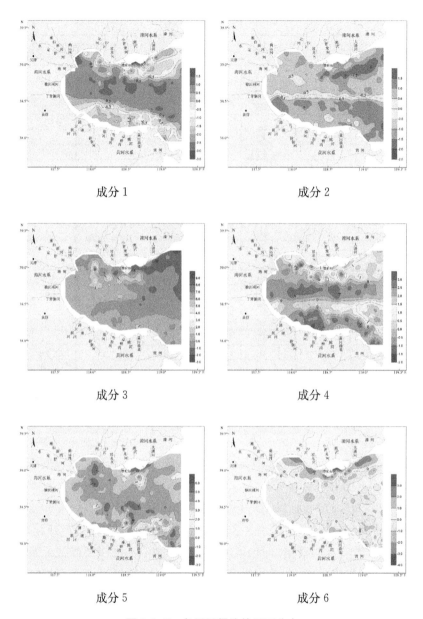

成分 1　　　　　　　　　　　　　成分 2

成分 3　　　　　　　　　　　　　成分 4

成分 5　　　　　　　　　　　　　成分 6

图 5.3-5　各因子得分的平面分布

② 成分 2

　　成分 2 的方差贡献占比为 15.87%，Na_2O、V、CaO、SiO_2 呈现较强的正载荷（0.42~0.65），而 Ba、P_2O_5 呈现较强的负载荷（-0.80~-0.50）。成分 2 得分的分布呈现明显的南北两极分异（见图 5.3-5），CaO 是黄河物质的特征元素,黄河物质成熟度高,抗风化的石英含量高从而富集 SiO_2,渤海湾南部正是成分 2 的高得分区。据此推断,成分 2 指示了黄河和滦河的物源贡献差异对元素分布的影响。这也意味着,对成分 2 呈现强载荷(正或负)的元素,可以考虑将其作为定量区分黄河和滦河物源贡献的指标。

③ 成分 3

成分 3 的方差贡献占比为 6.81%,Sr、CaO、$CaCO_3$ 呈现较强的正载荷(0.50~0.74),而负载荷很不明显,仅 K_2O 和 TOC 呈现微弱的负载荷(−0.26~−0.25),正载荷主导了成分 3。图 5.3-5 显示,成分 3 得分没有明显的低值区,而高值区位于曹妃甸南侧和西侧,与冲刷深槽、外侧和向西延伸的水下沙坝相重叠。通过对表层沉积物的调查,在曹妃甸的甸头发现了砾石贝壳,在深槽的西侧发现了贝壳砂,Sr、CaO、$CaCO_3$ 的高得分恰好与贝壳碎屑的富集相符合,因此成分 3 应该就是由贝壳碎屑的富集造成的。

这片狭小并呈延伸状分布的区域,其突出特征就是强烈的潮流作用,深槽中的流速在涨潮时最大可达 1.1 m/s,显著高于渤海湾其他海域的常见值——0.5 m/s 左右(张立奎,2012)。在如此高速的潮流侵蚀环境下,并不适宜贝类的附着和生长,而且陆源碎屑因子 1 中的强载荷元素在因子 3 中没有明显的负载荷,因此可以判断因子 3 虽然是通过钙质生物碎屑表现出来的,但其指示的并不是现代的沉积作用。

据褚宏宪等人(2016)的研究,曹妃甸深槽仍在不断遭受侵蚀,2004 年以来的最大侵蚀速率可达 19 cm/a,深槽最大水深达 −42 m,是整个渤海湾最深的海域,槽底的全新世沉积地层被蚀穿。根据 6.1.2 节中 B83 孔碎屑矿物数据显示,自 3000 a B.P. 生物碎屑开始大量出现,在轻矿物中的占比 2%,在重矿物中的占比可达 20%,因此可推测可能是潮流侵蚀了古代沉积层,贝壳碎屑或在流速较大的深槽富集,或被潮流搬运堆积在深槽南侧的水下沙脊和深槽西侧,从而导致 Sr、CaO、$CaCO_3$ 的强正载荷。

成分 3 的凸显是由潮流产生的强烈侵蚀和堆积作用所致。成分 3 指示了以曹妃甸深槽为代表的、强潮流主导下的沉积物蚀淤和再分配的影响。

④ 成分 4

成分 4 的方差贡献占比为 5.57%,Sr、Ba、TOC、K_2O、Na_2O、MnO 呈现略强的正载荷(0.22~0.48),而 TiO_2 呈现略强的负载荷(−0.32),CaO、$CaCO_3$ 呈现微弱的负载荷(−0.24~−0.20)。海洋沉积物中的 Ti 常被认为全部来源于陆源碎屑,刘建国等人(2007)认为 TiO_2 可以作为渤海陆源物质输入的代表性因子,因此成分 4 不是陆源碎屑沉积,CaO、$CaCO_3$ 的负载荷说明也不是钙质生物沉积。海洋中藻类和浮游生物对 Sr、Ba 有相当的浓集作用(牟保磊, 2000),多与海洋生产力有关,硅藻的旺发有利于 Ba 的沉积(倪建宇等,2006)。成分 4 的高得分区恰好与自生黄铁矿、TOC、V、Mn 的高值区相对应,而这些都是与氧化还原环境密切相关的要素,因此推测成分 4 应代表了海洋自生化学沉积。

图 5.3-5 显示,成分 4 得分的高值区有两个,一个是在渤海南部位于黄河水下前三角洲的外缘,另一个是在渤海湾北部沿岸。黄河水下前三角洲的外缘沿岸盐度低、悬沙含量高,不适宜海洋浮游和底栖生物的生长(李小艳等,2010),三角洲沿岸沉积物粗,不利于有机质的富集。向外海海洋生产力逐渐提高,有机质在黄河水下前三角洲外缘的细粒区富集。在渤海湾北部近岸,沿岸河流提供了丰富的营养物,促进了海洋生物的大量繁殖,海洋生产力旺盛(李从先等,1983)。Sr、Ba、TOC 随有机质富集。有机质分解消耗氧气,导致从氧化环境向局部还原环境的转换,K_2O、Mn、V 被还原并与有机质分解的产物络合而絮凝沉积,在黄河水下前三角洲的外缘形成了自生黄铁矿。

成分 4 指示了与有机物富集有关的海洋自生化学沉积。

⑤ 成分 5

成分 5 的方差贡献占比为 2.52%,Pb 呈现略强的正载荷(0.49),而 Cr 呈现微弱的负载荷(-0.29)。图 5.3-5 显示,在整个沿岸成分 5 的得分整体较高,其中在诸多河流的入海口、曹妃甸港、黄骅港、东营港的周围得分最高。在渤海湾中,Pb 的富集系数明显高于 Cu、Zn(李淑媛等,1992;Qin Y. W. et al., 2012),成分 5 可能指示了由人类工业活动导致的重金属污染对元素分布的影响。

⑥ 成分 6

成分 6 的方差贡献占比为 2.15%,Ti 呈现略强的正载荷(0.38),而 CaO 呈现略强的负载荷(-0.25)。海洋沉积物中的 Ti 几乎全部来源于陆源碎屑,而 CaO 还会受到海洋钙质生物介壳的影响。图 5.3-5 显示,成分 6 得分的高值区位于曹妃甸沙岛群外侧水下岸坡,强载荷元素为 Ti,代表陆源碎屑沉积。低值区主要位于沙岛群内侧的泻湖,这些区域富集钙质生物介壳,蛤坨、草木坨、腰坨等沙洲的生物介壳含量可达 80%(李从先等,1983),代表了海洋钙质生物沉积。

成分 6 指示了以曹妃甸浅滩"泻湖-沙坝-水下岸坡"这一独特的沉积环境为代表的,沙坝内侧的泻湖(海洋钙质生物沉积)与沙坝外侧水下岸坡(陆源碎屑沉积)的截然不同的物源差异。

5.4 渤海湾现代沉积特征的环境意义小结

本章基于对渤海湾表层沉积物的粒度、矿物与常、微量元素特征指数的分析,探讨了现代沉积特征的空间分布规律,并揭示与物源输入、沉积动力、物质输运的关系,探讨了控制因素。结合主要河流的物源属性,研究渤海湾现代沉积的物质来源和物源贡献能力的空间差异。

(1) 本区砂/泥比的跨度大,沉积动力环境强度差异明显:曹妃甸浅滩沙岛群最大(砂/泥>9),是典型的高能环境;水下沙脊区(砂/泥=1~5)、南部近岸(砂/泥=1~5),环境能量偏强;渤海湾中部、西北部中央、曹妃甸深槽西侧较小(砂/泥<0.1),为低能沉积环境。本区粉砂/黏土比值均大于1,海湾的扰动性整体较强,其分布表现为离岸越近扰动性越强,指示了波浪扰动作用的影响;渤海湾南部黄河三角洲近岸的扰动性最强,与其遭受强烈侵蚀的现状相符合。

(2) 渤海湾表层沉积物的运移特征为:在离岸方向上,除渤海湾西北部的蓟运河口为汇集区外,其他海域的近岸多以离岸搬运为主,与物源供应减少后的海岸侵蚀现状相符。在顺岸方向上,北部自东向西搬运;南部以黄河故道为界,黄河故道以西顺岸向西北搬运,黄河故道以东顺岸向东南搬运。

(3) 轻矿物成熟度指数石英/长石比的分布显示,渤海湾南部石英/长石的比值较高,指示了黄河物源以化学风化为主的高成熟度属性;海河口附近石英/长石比值略高,指示海河物源成熟度也较高;渤海湾北、东北部的石英/长石比值较低,指示了滦河物源以物理风化为主的低成熟度属性。

(4) 渤海湾可被划分为4个碎屑矿物主分区:Ⅰ黄河矿物区,优势矿物组合为黑云母-普通角闪石-赤(褐)铁矿-绿帘石,物源指示矿物为高含量的黑云母、赤(褐)铁矿;Ⅱ海河矿物区,优势矿物组合为普通角闪石-绿帘石-(斜)黝帘石-石榴石,物源指示矿物为高含量的普通角闪石;Ⅲ滦河矿物区,优势矿物组合为普通角闪石-绿帘石-石榴石-钛铁矿,物源指示矿物为高含量的石榴石、钛铁矿;Ⅳ渤海湾中部矿物区,优势矿物组合为普通角闪石-绿帘石-石榴石-钛铁矿。各主分区又可根据沉积动力差异分为数个亚区。

(5) 风化指数(CIA、CIW)、判别函数(Ca/A1)、物源指数(PI)的研究结果显示,黄河物源在渤海湾沉积物物源贡献里占据绝对优势地位,黄河物质的影响力自西南向东北逐渐减弱,指示了黄河物质自黄河三角洲向外辐射扩散。在靠近东北部的曹妃甸海域,滦河物源的影响力才逐渐增强。

(6) 通过常、微量元素的因子分析分离出6个主成分:成分1的方差贡献占比为 59.83%,成分 1 代表了陆源细粒碎屑沉积,其得分表征了沉积物的粒度大小对元素分布的主导控制作用;成分 2 的方差贡献占比为 15.87%,指示了黄河和滦河的物源贡献的差异;成分 3 的方差贡献占比为 6.81%,指示了以曹妃甸深槽为代表的潮流主导下的沉积物蚀淤和再分配的作用;成分 4 的方差贡献占比为 5.57%,指示了与有机物富集有关的海洋自生化学沉积的影响;成分 5 的方差贡献占比为 2.52%,指示了由人类工业活动导致的重金属污染产生的影响;成分 6 的方差贡献占比为 2.15%,指示了以曹妃甸浅滩"潟湖-沙坝-水下岸坡"为代表的,沙坝内侧的潟湖(海洋钙质生物沉积)与沙坝外侧水下岸坡(陆源碎屑沉积)的截然不同的物源差异。

第 6 章　渤海湾 5000 年以来沉积环境和古气候演化

末次冰期结束后的间冰期,11.5 ka B. P. 新仙女木降温事件之后标志着全新世的开始,气温在全球范围内增高,气候变暖,海平面上升。全新世早期气候仍偏冷干,但逐渐向暖湿转变;中期为全新世大暖期,为气候最适宜期,气候温暖湿润;晚全新世气候出现波动,并逐渐向冷干方向发展。晚全新世是气候的波动期。晚全新世早期以于 5.6 ka B. P. 开始的降温为标志;晚全新世中期气候回暖,以 4.2 ka B. P. 的升温事件为代表;晚全新世晚期气候又向冷干方向发展。

随着气候的变化,海平面也随之变化。16—15 ka B. P. 的晚玉木极盛时期,海平面一度下降到 $-160\sim-150$ m,随着冰期末冰后期初气候的迅速变暖,海平面急剧上升,12.4 ka B. P. 海水已淹没了现今黄海 -50 m 的地区(赵希涛等,1979)。约 9—8 ka B. P.,海水进入渤海,在 7 ka B. P. 前后,相对海平面变化达到现代海平面的高度,6 ka B. P. 达到海侵最大范围(周江等,2007)。自 6 ka B. P. 以来,海平面表现为波动下的整体下降,高度变化介于 $-2\sim1$ m 之间(李建芬等,2015)。

晚全新世,黄河和滦河均频繁改道,发生了几次大规模的堆积活动。其中,黄河于 6—5 ka B. P. 自利津入渤海塑造了利津黄河三角洲叶瓣;5 ka B. P. 之后在渤海湾西岸南北摆动,形成了多期三角洲;A. D. 11—1128 年堆积了垦利黄河三角洲叶瓣;1128—1855 年改道苏北;1855 年以后在垦利形成了现代黄河三角洲超级叶瓣(Qiao S. et al., 2011)。古滦河在约 6 ka B. P. 经溯河和小青河入海,建造了三角洲平原和曹妃甸等滨岸沙坝;3.7—3.4 ka B. P. 期间经大清河、长河、湖林河入海,以汀流河为顶点建造了规模最大的一期主体三角洲;随后河道继续北移形成了以马庄子为顶点的历史晚期三角洲;近一百多年来形成了以腰庄-莲花池村为顶点的最新三角洲(高善明,1981),古滦河虽不断改道,但与黄河不同的是,河口并没有发生大规模远距离变动,只是自西向东逐渐迁移,三角洲不断叠加堆积。

全新世以来,古气候的温湿变化、海平面变化、河道变迁等方面发生了巨大的变化,这些都可能会对渤海湾的古沉积产生影响。

6.1　B83 孔柱状样的沉积特征与年代学框架

B83 孔位于渤海湾中东部,此处水深较深,处于渤海湾泥质区,是研究区平均粒径最细的海域,沉积环境相对稳定,是研究渤海湾沉积记录的最优海域。

廖永杰等人(2015)对 B83 孔沉积物粒度和部分常、微量元素的含量进行了分析,将 B83 孔柱状样分为上下两段,并认为这种差异是由 1855 年黄河改道所致,但这一结论与测年结果有一定出入。

本书通过碎屑矿物之轻矿物和重矿物鉴定分析结果以及 CaCO₃、S、Cl、LOI、TOC、Ga、Rb、Nb、Y、Th、Br、As 等常、微量元素的分析测试结果,结合廖永杰等人(2015)分析得到的粒度和部分元素数据资料,对 B83 孔进行了沉积特征变化和层位分段的深入研究。结合 B83 孔的测年资料(陈文文,2009),建立年代框架,通过替代性指标,探索了沉积记录与古气候冷暖干湿变化、物源变化、氧化还原环境变迁、海平面变化的响应关系,揭示 5000 年以来的渤海湾沉积环境演化和华北黄河流域古气候演变过程。

6.1.1　B83 孔粒度特征

B83 孔所处位置的表层沉积物 Folk 类型为粉砂(Z),粒级组分以粉砂为主,含量在 60% 以上;黏土含量在 30% 以上;砂含量最低,小于 10%。概率累积曲线为跃移-悬移两段式,以悬移组分为主,含量为 60%～90%,跃移组分含量低于 10%,频率分布均为单峰,峰位介于 φ6～φ7。来自黄河的悬浮物质应是其沉积物的主要组成。

(1)柱状样沉积物类型

根据 Folk 分类法,B83 孔柱状样沉积物共有粉砂(Z)、泥(M)、砂质粉砂(sZ)三种类型。由表至底各段的沉积物类型依次为 0～15 cm,粉砂(Z);15～35 cm,泥(M);35～45 cm,粉砂(Z);45～75 cm,泥(M);75～205 cm,粉砂(Z)。从整体来看,柱状样为粉砂(Z)和泥(M)相间变换。

(2)沉积物粒级含量及粒度参数

B83 孔柱状样沉积物的各粒级含量和参数的垂向变化如图 6.1-1 所示。B83 孔柱状样沉积物中的砂含量介于 0.05%～7.81%,平均值为 2.96%;粉砂含量介于 62.47%～70.59%,平均值为 65.88%;黏土含量介于 26.74%～

37.48％,平均值为 31.16％。与 B83 站位的表层沉积物(砂含量为 1.57％,粉砂含量为 70.5％,黏土含量 27.9％)相比,都是以粉砂为主,黏土次之,砂含量较低。

B83 孔柱状样沉积物的平均粒径介于 $\phi6.91\sim\phi7.62$,平均粒径为 $\phi7.22$,物质较细,没有较大的变化。标准偏差介于 $1.47\sim1.92$,平均值为 1.69,分选较差;分选性与平均粒径之间有明显相关性,沉积物粒度越粗,分选越差。偏度介于 $-1.21\sim1.18$,平均值为 0.11,负偏至正偏均有,变化幅度大。峰度介于 $1.83\sim2.48$,平均值为 2.18,略均匀,峰态宽平。

（3）粒度特征的垂向变化

在分析粒度特征的垂向变化之前,需对几个异常点特别指出说明,在 40 cm、100～120 cm 处均出现了沉积物的粗化异常。对比重矿物的分布后发现,在这些层次恰好对应出现了高含量的自生重晶石,据推测极有可能是因自生矿物的结晶颗粒导致了粒度组分的异常突变。因此,在开展基于粒度参数和相关指数的研究时,应充分考虑到这一因素的可能性,避免得出错误的结论。

根据粒度特征的变化规律,可将 B83 孔分成 6 段,各分段的统计结果见表 6.1-1。

表 6.1-1　B83 孔沉积物粒度参数分段统计表

孔深/cm	分段	砂/％	粉砂/％	黏土/％	平均粒径（ϕ）	分选系数	偏度	峰度
0～25	Ⅰ	0.7	67.4	31.9	7.3	1.6	0.84～1.07	2.0
25～55	Ⅱ	0.3	65.7	34.0	7.4	1.5	0.83～1.17	1.9
55～85	Ⅲ	1.3	65.2	33.4	7.4	1.6	-0.7～0.99	2.1
85～135	Ⅳ	4.1	66.5	29.4	7.1	1.7	-1.2～0.60	2.3
135～155	Ⅴ	2.3	66.0	31.7	7.3	1.7	0.46～0.76	2.2
155～202	Ⅵ	6.0	64.8	29.2	7.0	1.8	-0.8～-1.0	2.4

段Ⅰ:0～25 cm。砂的平均含量为 0.7％;粉砂的平均含量为 67.4％,在所有分段中含量最高;黏土的平均含量为 31.9％。平均粒径为 $\phi7.3$;标准偏差为 1.6;偏度为 0.84～1.07,正偏;峰度为 2,较为宽平。自下而上粒度逐渐变粗,分选逐渐变差。

段Ⅱ:25～55 cm。砂的平均含量为 0.3％,在所有分段中砂含量最低;粉砂的平均含量为 65.7％;黏土的平均含量为 34.0％,黏土含量在所有分段中最

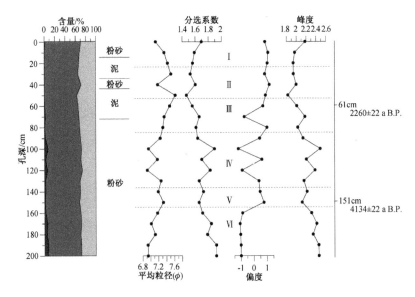

图 6.1-1　B83 孔垂向粒度特征 [粒度参数据廖永杰等(2015)，测年据陈文文(2009)]

高。平均粒径为 ϕ7.4，在所有分段中最细；标准偏差为 1.5，在所有分段中分选最好；偏度介于 0.83～1.17，正偏；峰度为 1.9。粒径出现了一个粗化突变点，推测可能是由自生矿物结晶所致。

　　段Ⅲ：55～85 cm。砂的平均含量为 1.3%；粉砂的平均含量为 65.2%，在所有分段中最低；黏土的平均含量为 33.4%。平均粒径为 ϕ7.4，在所有分段中最细；标准偏差为 1.6；偏度为 −0.7～0.99，负偏和正偏均存在；峰度为 2.1。自下而上粒度逐渐变细，分选变好，偏度波动大。

　　段Ⅳ：85～135 cm。砂的平均含量为 4.1%，含量仅次于段Ⅵ；粉砂的平均含量为 66.5%；黏土的平均含量为 29.4%，较少。平均粒径为 ϕ7.1；标准偏差为 1.7；偏度为 −1.2～0.6，负偏和正偏均存在；峰度为 2.3。粒度特征出现强烈波动，平均粒径出现 2 个粗化的突变点，可能也是由自生重晶石矿物结晶颗粒所致。

　　段Ⅴ：135～155 cm。砂的平均含量为 2.3%；粉砂的平均含量为 66.0%；黏土的平均含量为 31.7%。平均粒径为 ϕ7.3；标准偏差为 1.7；偏度为 0.46～0.76，全部为正偏度；峰度为 2.2。在整个柱状样的下部，沉积物粒度最细，参数比较稳定，沉积物为稳定的细偏。

　　段Ⅵ：155～202 cm。砂的平均含量为 6.0%，在所有分段中砂含量最高；粉砂和黏土的平均含量分别为 64.8%、29.2%，在所有分段中最少。平均粒径为 ϕ7.0，在所有分段中最粗；标准偏差为 1.8，分选最差；偏度 −0.8～−1，全部为负偏度;峰度为 2.4。自下而上粒度逐渐变细,分选越来越好,峰度逐渐变小,沉积物为稳定的粗偏。

6.1.2　B83 孔碎屑矿物特征

B83 孔所处位置的表层沉积物以小密度的普通角闪石、绿帘石为主,属于低能沉积环境。石榴石和钛铁矿(滦河特征矿物)含量略高,石英/长石比值较小,含有一定量的黑云母和赤(褐)铁矿(黄河特征矿物),说明现代沉积物中的粗粒部分具有以滦河物源为主、黄河物源为辅的双重物源供给。

(1) 碎屑矿物种类和含量统计特征

从 B83 孔共鉴定出轻矿物 10 种,其中,平均含量最高的是斜长石,介于 28%~43%,平均值为 37.19%;其次为石英,介于 21.67%~32%,平均值为 26.46%;钾长石介于 6.33%~25.33%,平均值为 20.16%;岩屑介于 4%~9.67%,平均值为 6.39%;黑云母介于 0.67%~19%,平均值 4.17%;白云母介于 0.33%~15%,平均值为 2.49%;绿泥石介于 0.33%~2%,平均值为 1.06%;生物碎屑介于 0~2.33%,平均值为 0.87%;风化云母介于 0.33%~2.33%,平均值为 0.86%;碳酸盐介于 0~0.67%,平均值为 0.35%。

从 B83 孔共鉴定出重矿物 26 种,其中以普通角闪石含量最高,介于 1%~57.67%,平均值为 35.5%;其次为自生黄铁矿,介于 0~84.33%,平均值为 13.79%;含量第三高的是绿帘石,介于 0.67%~20%,平均值为 12.04%;石榴石介于 0~18.33%,平均值为 7.76%;钛铁矿介于 0~13.73%,平均值为 6.17%;磁铁矿介于 0~10%,平均值为 5.91%;生物碎屑介于 0~18.46%,平均值为 4.3%;赤(褐)铁矿介于 0.33%~6.67%,平均值为 3.17%;自生重晶石介于 0~15%,平均值为 2.28%;石英介于 0~7.33%,平均值为 1.83%;白钛石介于 0~5.33%,平均值为 1.23%。其他平均含量不足 1% 的重矿物有风化云母、岩屑、磷灰石、电气石、单斜辉石、斜长石、锐钛矿、榍石、黑云母、白云母、斜方辉石、碳酸盐、金红石、绿泥石、锆石。

(2) 碎屑矿物组合及含量的垂向变化

由于粗粒物质难以发生长途搬运,往往就近沉积,而黄河矿物与滦河矿物有着巨大差异,因此矿物类型及其含量的变化可以指示物源(尤其是碎屑物源)的变化,尤其对河口的变动有明显的指示。B83 孔主要轻、重碎屑矿物含量变化如图 6.1-2 所示。从图中可以看出,矿物含量及组合发生了较大的变化。

段 I:层深 0~5 cm。为现代的表层沉积。优势重矿物组合为普通角闪石-生物碎屑-绿帘石-磁铁矿,轻矿物组合为斜长石-石英-钾长石-云母。含有较多

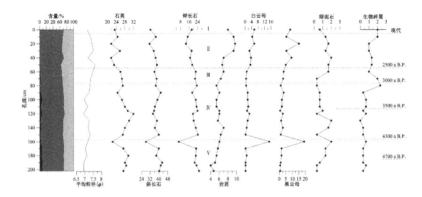

图 6.1-2a   B83 孔碎屑矿物之轻矿物含量变化图

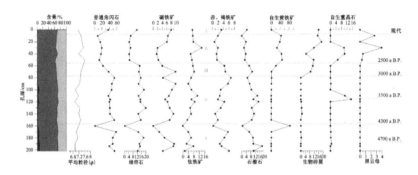

图 6.1-2b   B83 孔碎屑矿物之重矿物含量变化图

生物碎屑,海洋生物旺盛;无自生黄铁矿;普通角闪石、绿帘石、磁铁矿、赤(褐)铁矿、石榴石含量均比段Ⅱ高,说明滦河对碎屑组分的影响力强。

段Ⅱ:层深 5～55 cm。对应时期为 2500 a B.P. 以后。该段的重矿物以自生黄铁矿为第一优势矿物,其余矿物含量普遍较低,自生黄铁矿的大量出现,指示了在弱水动力条件下细粒富有机质的还原环境。该段的生物碎屑含量较高,下部有自生重晶石富集,说明海洋生物生长旺盛,生产力较高,还原性环境的形成可能受此影响。该段轻矿物如黑云母、白云母、绿泥石、生物碎屑的含量也普遍较高。云母类含量的突然增加可能指示着黄河物质的影响力增强,可能是由黄河自 602 B.C.—A.D. 11 改道在渤海湾南岸入海后,黄河就近供应大量物质所致。在本分段的后期,磁铁矿有所增加,云母有所减少,可能是 1128 年黄河改道苏北的反映。

段Ⅲ:层深 55～75 cm。对应时期为 3000—2500 a B.P.。自下而上,重矿物普通角闪石、绿帘石、磁铁矿、赤(褐)铁矿、石榴石逐渐减少,自生黄铁矿、生物碎屑显著增加;轻矿物云母、绿泥石的含量逐渐增多,但仍显著低于段Ⅱ。这指示着黄河物质的影响力在逐渐增加,可能与暖湿气候有关,表明还原性环境逐渐形成。

段Ⅳ:层深 75～155 cm。从整体来看,各矿物含量相对稳定。重矿物普通角闪石的含量达到所有分段中的高值,为第一优势矿物;赤(褐)铁矿有缓慢增加的趋势,石榴石略有减少;轻矿物石英的含量出现了先增高后降低的现象。层深 110～116 cm 处出现了一个自生重晶石的富集层,石英含量也达到峰值。

段Ⅴ:层深 155～202 cm。自下而上,重矿物绿帘石、钛铁矿、石榴石的含量先增高后降低,普通角闪石、赤(褐)铁矿的含量则相反,呈现为先降低后升高;轻矿物石英、斜长石的含量先升高后降低,钾长石、岩屑的含量则先降低后升高。这指示出黄河物质影响力强—弱—强的演变、滦河物质影响力弱—强—弱的演变。

层深 160 cm 处,磁铁矿、钛铁矿、赤(褐)铁矿以及普通角闪石几近消失,取而代之的是含量高达 84% 的自生黄铁矿,白钛石(钛铁矿蚀变产物)含量达到柱状样的峰值。同时,轻矿物特征也发生剧变,出现大量的黑云母和白云母(合计含量约 34%),也达到柱状样的峰值。说明在 4.3 ka B.P. 左右发生了一次强还原事件,在还原性环境下,Fe^{3+} 被还原为 Fe^{2+},并与 S^{2-} 结合,以铁的氧化物为主要成分的矿物转化为自生黄铁矿。云母的骤增说明黄河在这一阶段发挥了重大作用。

6.1.3　B83 孔元素地球化学特征

6.1.3.1　常量元素含量统计特征

B83 孔常量元素具体含量统计见表 6.1-2。

SiO_2 是主要造岩元素,在 B83 孔沉积物的常量元素中含量最高,且远超其他元素,其含量介于 42.84%～45.61%,平均值为 44.23%,主要富集于粗粒沉积物中;其次为 Al_2O_3,含量介于 12.73%～14.67%,平均值为 14%,Al_2O_3 在黏土矿物中含量较高,主要富集于细粒沉积物中;CaO 是黄河物源的特征元素,同时也是钙质碳酸盐生物介壳的主要元素,含量介于 5.5%～7.55%,平均值为 6.55%,含量超过了 Fe(地壳中 Fe 的平均含量高于 Ca);TFe_2O_3 的含量介于 4.51%～6.17%,平均值为 5.65%;K_2O 是钾长石的主要组成元素,同时也受到细粒物质吸附作用的影响,其含量介于 2.62%～3.16%,平均值为 2.98%;MgO 的来源与 CaO 相似,既有陆源供应,也有海洋自生沉积,其含量介于 2.57%～3.02%,平均值为 2.84%;Na_2O 是斜长石的主要元素,含量介于 0.98%～1.46%,平均值为 1.2%;Cl 含量介于 1.06%～1.47%,平均值为

1.21%。其他含量不足 1% 的元素有 TiO_2、P_2O_5、MnO、S。LOI 含量介于 7.97%～12.08%，平均值为 10.34%；TOC 含量介于 0.29%～0.72%，平均值为 0.45%；$CaCO_3$ 的含量介于 8.06%～12.26%，平均值为 10.48%。

表 6.1-2　B83 孔常量元素含量统计　　　　　单位：wt%

含量	SiO_2	Al_2O_3	TFe_2O_3	MgO	MnO	CaO	Na_2O	K_2O
最小值	42.84	12.73	4.51	2.57	0.08	5.50	0.98	2.62
最大值	45.61	14.67	6.17	3.02	0.18	7.55	1.46	3.16
平均值	44.23	14.00	5.65	2.84	0.11	6.55	1.20	2.98

含量	TiO_2	P_2O_5	S	Cl	$CaCO_3$	LOI	TOC
最小值	0.49	0.16	0.06	1.06	8.06	7.97	0.29
最大值	0.64	0.19	0.13	1.47	12.26	12.08	0.72
平均值	0.56	0.18	0.09	1.21	10.48	10.34	0.45

6.1.3.2　微量元素含量统计特征

本区微量元素有 Cu、Co、Ni、Pb、Zn、Cr、Sr、Ba、Zr、V、Ga、Rb、Nb、Y、Th、Br、As 共 17 种，微量元素具体含量的统计见表 6.1-3。

其中，含量以 Ba 最高，介于 468.59～839.78 ppm，平均值为 567.54 ppm；其次为 Sr、Zr 和 Rb，平均含量分别为 195.79 ppm、165.02 ppm、127.23 ppm。其他微量元素的含量较低，平均含量分别为 Cu(30.81 ppm)、Co(11.61 ppm)、Ni(48.03 ppm)、Pb(29.03 ppm)、Zn(85.96 ppm)、Cr(75.89 ppm)、V(70.82 ppm)、Ga(20.05 ppm)、Nb(16.17 ppm)、Y(25.8 ppm)、Th(12.11 ppm)、Br(39.87 ppm)、As(13.33 ppm)。

表 6.1-3　B83 孔常量元素含量统计　　　　　单位：ppm

含量	Cu	Co	Ni	Pb	Zn	Cr	Sr	Ba	Zr
最小值	23.00	5.67	35.98	26.10	61.71	57.24	177.09	468.59	140.49
最大值	38.72	16.00	55.39	34.55	96.77	92.16	227.78	839.78	238.39
平均值	30.81	11.61	48.03	29.03	85.96	75.89	195.79	567.54	165.02

含量	V	Ga	Rb	Nb	Y	Th	Br	As
最小值	56.23	15.02	103.20	12.96	21.46	9.19	26.69	7.38
最大值	94.40	23.04	138.31	18.33	27.87	13.71	49.90	20.22
平均值	70.82	20.05	127.23	16.17	25.80	12.11	39.87	13.33

6.1.3.3　常、微量元素相关性分析

渤海湾表层沉积物的常、微量元素分析结果表明,元素间存在正相关和负相关关系,尤其是粒度因素对元素含量起主导控制作用。可以通过皮尔逊相关系数、R 型聚类研究不同元素在含量变化上的协同性规律。

柱状样沉积物的常、微量元素相关性分析如表 6.1-4 所示。R 型聚类结果如图 6.1-3 所示。从中可以看出明显的元素的粒度控制律。

(1) 亲碎屑元素组合

Si、Zr、Sr、Ba、Mn 之间呈显著高度正相关关系(相关系数为 0.62~0.88);除 Mn 外,均与平均粒径呈显著负相关(相关系数−0.73~−0.49)。说明沉积物的粒度越粗,这组元素的含量越高。Si 是石英的主要组成元素,粗粒沉积物中往往富含石英,是 Si 的重要存在形式;Zr 是极稳定元素,基本以锆石的形式存在;Sr 元素可以以类质同像的形式,置换碳酸盐中的 Ca;钾长石是 Ba 的主要存在形式之一,Ba 也被认为与海洋生产力有关。这些元素受到碎屑矿物的影响。本组元素表现出明显的亲碎屑性。

(2) 亲黏土元素组合

Al、Fe、Mg、Ca、K、Cu、Ni、Zn、Ga、Rb、Nb、Y、Th、Cr、S、Cl、Br 均与平均粒径呈正相关关系,说明沉积物的粒度越细,这组元素的含量越高。Al 是黏土矿物的主要组成元素,一些元素会由于细粒物质的吸附作用而富集。本组元素表现出明显的亲黏土性。

(3) Ti、V

V 和 Ti 呈强相关关系(相关系数为 0.78),与平均粒径没有明显关系。V 与 S、Cl、Br、As 呈较好的正相关性。

(4) Co、Pb、As、P、Na、TOC

Pb、Co、As、P、Na、TOC 与平均粒径无明显相关性。

CaO 和 $CaCO_3$ 之间的相关系数仅为 0.39,说明同源性较差;CaO 与平均粒径表现出较好的相关关系(相关系数为 0.65),而 $CaCO_3$ 与平均粒径相关性较差(相关系数为 0.21)。这都指示了海洋自生 Ca(钙质生物介壳)等产生了较大的影响。

基于 SPSS 软件,对 B83 孔柱状样的 23 个样品的已测常、微量元素进行 R 型聚类。统计采用集中计划,聚类方法采用沃德法,测量区间为欧式平方距离。

表 6.1-4　表层沉积物常、微量元素相关系数表（$n=23$）

	Si	Al	TFe	Mg	Ca	K	S	Cu	Ni	Zn	Cr	Ga	Rb	Nb	Y	Th	Br	Cl	CaCO₃	Pb	Co	As	P	TOC	V	Ti	Sr	Ba	Zr	Mn	Na	Md(φ)
Si	1.00																															
Al	-0.76	1.00																														
TFe	-0.79	0.88	1.00																													
Mg	-0.67	0.89	0.84	1.00																												
Ca	-0.89	0.65	0.70	0.62	1.00																											
K	-0.79	0.95	0.92	0.91	0.68	1.00																										
S	-0.71	0.70	0.64	0.47	0.69	0.63	1.00																									
Cu	-0.78	0.76	0.64	0.66	0.77	0.72	0.64	1.00																								
Ni	-0.86	0.93	0.96	0.86	0.77	0.95	0.70	0.75	1.00																							
Zn	-0.80	0.96	0.95	0.77	0.71	0.96	0.67	0.75	0.72	1.00																						
Cr	-0.68	0.71	0.70	0.54	0.60	0.68	0.67	0.58	0.80	0.71	1.00																					
Ga	-0.82	0.77	0.79	0.73	0.74	0.82	0.51	0.75	0.75	0.83	0.65	1.00																				
Rb	-0.65	0.96	0.89	0.77	0.68	0.98	0.57	0.68	0.74	0.99	0.60	0.84	1.00																			
Nb	-0.79	0.90	0.92	0.76	0.69	0.89	0.57	0.73	0.82	0.95	0.67	0.77	0.93	1.00																		
Y	-0.76	0.76	0.80	0.71	0.66	0.82	0.75	0.74	0.94	0.79	0.74	0.67	0.85	0.77	1.00																	
Th	-0.56	0.83	0.88	0.64	0.54	0.73	0.89	0.56	0.87	0.88	0.73	0.60	0.53	0.44	0.89	1.00																
Br	-0.56	0.84	0.55	0.37	0.48	0.42	0.88	0.61	0.60	0.59	0.56	0.37	0.53	0.72	0.70	0.81	1.00															
Cl	-0.52	0.58	0.46	0.50	0.54	0.56	0.45	0.34	0.50	0.56	0.34	0.47	0.50	0.53	0.89	0.61	0.87	1.00														
CaCO₃	-0.54	0.54	0.55	0.37	0.66	0.56	0.30	0.34	0.38	0.56	0.31	0.37	0.50	0.59	0.70	0.44	0.47	0.46	1.00													
Pb	-0.42	0.48	0.51	0.50	0.54	0.42	0.45	0.60	0.57	0.57	0.39	0.47	0.50	0.52	0.57	0.49	0.58	0.61	0.17	1.00												
Co	-0.50	0.28	0.46	0.25	0.61	0.32	0.37	0.61	0.53	0.43	0.49	0.57	0.39	0.36	0.47	0.29	0.44	0.33	0.24	0.57	1.00											
As	-0.45	0.45	0.52	0.45	0.52	0.32	0.37	0.25	0.40	0.35	0.11	0.25	0.34	0.21	0.38	0.44	0.47	0.46	0.00	0.32	0.29	1.00										
P	-0.38	0.24	0.51	0.30	0.40	0.23	0.19	0.12	0.38	0.35	0.05	0.27	0.27	0.20	0.38	0.29	0.25	0.26	0.29	0.42	0.23	0.45	1.00									
TOC	-0.19	0.06	0.11	0.09	0.19	0.09	0.10	0.27	0.09	0.06	-0.02	0.20	0.10	0.18	0.67	-0.13	0.09	0.14	-0.02	0.14	0.16	0.20	0.23	1.00								
V	-0.14	0.20	0.26	-0.05	0.06	0.19	0.16	0.25	0.16	0.21	0.06	-0.11	0.10	-0.09	0.07	0.40	0.44	0.38	0.00	0.42	0.29	0.37	0.02	-0.08	1.00							
Ti	0.25	-0.03	0.01	-0.23	-0.32	-0.11	0.25	0.07	-0.22	-0.02	-0.06	-0.43	-0.02	-0.35	0.07	0.40	0.23	0.38	-0.07	0.04	-0.11	0.16	-0.14	-0.20	-0.19	1.00						
Sr	0.77	-0.80	-0.84	-0.64	-0.58	-0.81	-0.81	-0.20	-0.77	-0.81	-0.73	-0.68	-0.82	-0.61	-0.81	-0.76	-0.91	-0.73	-0.52	-0.31	-0.32	-0.35	-0.52	-0.20	-0.42	-0.19	1.00					
Ba	-0.68	-0.83	-0.83	-0.61	-0.64	-0.73	-0.56	-0.51	-0.53	-0.81	-0.57	-0.70	-0.94	-0.63	-0.90	-0.81	-0.75	-0.45	-0.43	-0.49	-0.49	-0.29	-0.38	-0.15	-0.33	-0.15	0.88	1.00				
Zr	0.78	-0.81	-0.96	-0.81	-0.68	-0.91	-0.73	-0.66	-0.93	-0.94	-0.64	-0.77	-0.97	-0.81	-0.90	-0.81	-0.75	-0.72	-0.56	-0.48	-0.31	-0.33	-0.41	-0.07	-0.18	-0.01	0.76	0.79	1.00			
Mn	0.62	-0.80	-0.72	-0.59	-0.53	-0.75	-0.23	-0.64	-0.16	-0.81	-0.17	-0.53	-0.25	-0.74	-0.16	-0.10	0.01	0.29	-0.02	-0.48	-0.46	-0.13	-0.12	-0.02	0.20	-0.27	0.82	0.75	0.73	1.00		
Na	0.01	-0.16	-0.12	-0.21	0.15	-0.31	0.10	-0.01	-0.12	-0.16	-0.17	-0.26	-0.25	-0.12	-0.01	0.10	0.01	0.29	0.03	0.28	0.15	0.22	0.37	-0.08	0.42	0.20	0.12	0.22	0.13	0.04	1.00	
Md(φ)	0.67	0.57	0.67	0.57	0.65	0.60	0.71	0.50	0.73	0.63	0.64	0.42	0.60	0.45	0.68	0.60	0.68	0.60	0.21	0.34	0.26	0.53	0.47	0.09	0.42	0.08	-0.73	-0.71	-0.62	-0.49	0.23	1.00

注：Md 代表以 φ 表示的平均粒径。

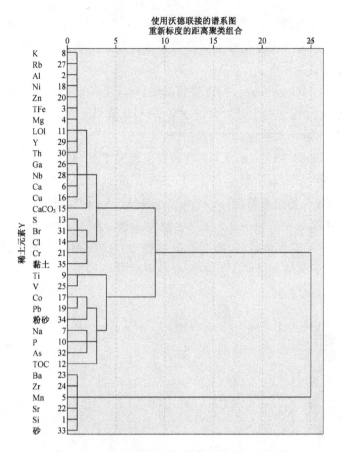

图 6.1-3　表层沉积物常、微量元素的 R 型聚类

6.1.3.4　常、微量元素含量的垂向分布特征

从上一节的相关性分析中可以看出,由于大部分元素的含量受控于粒度控制律,沉积物的粒度粗细对元素含量起着主导作用,因此绝大部分元素的含量基本随粒径的变化而变化,少部分元素含量具有独立的变化趋势。

B83 孔常、微量元素含量曲线如图 6.1-4、图 6.1-5 所示。以常、微量元素含量为基础,结合粒度参数的变化,柱状样大致可划分为以下 6 段。

段 Ⅰ:孔深 0~25 cm。自下而上,粒度逐渐变粗,Si、Zr、Sr、Ba 等亲碎屑元素含量逐渐提升;Al、Fe、Ca、K、Cu 及多数重金属等亲黏土元素含量逐渐降低;Mg、Mn、CaCO₃ 含量略低,且较稳定;Ti 含量较高。

段 Ⅱ:孔深 25~55 cm。为整个柱状样中沉积物最细的。多数元素含量均较为稳定;Al、Fe、Ca、K、Cu 及多数重金属等亲黏土元素含量处于最高水平;

Si、Zr、Sr、Ba 等亲碎屑元素含量处于最低水平。自下而上,Cl、TOC 含量逐渐提升;As、S、LOI 的含量在整个柱状样中也达到最高值;Mn 含量有降低的趋势;Ti 含量较高。

段Ⅲ:孔深 55～85 cm。粒度整体偏细,与段Ⅰ相似,但粗于段Ⅱ。自下而上,粒度逐渐变细,亲黏土元素含量逐渐上升;亲碎屑元素含量逐渐下降;As 含量逐渐提升;Mn 相对稳定;Ti 含量较低。

段Ⅳ:孔深 85～135 cm。沉积物粒度出现突变点,但整体趋势为自下向上逐渐变细,亲黏土元素含量逐渐上升;亲碎屑元素含量逐渐下降;Si、Na、CaCO₃、TOC、Ba 含量出现波动;Mn 含量迅速降低;As 相对稳定;Ti 含量较低。

段Ⅴ:孔深 135～155 cm。沉积物粒度偏细。Al、Fe、Ca、K、Cu 及多数重金属等亲黏土元素含量较高,略有上升的趋势;Si、Zr、Sr、Ba 等亲碎屑元素含量较低,略有下降的趋势;Na、P 的含量达到柱状样的最高水平;Ti 含量较高;As、Mn 含量相对稳定。

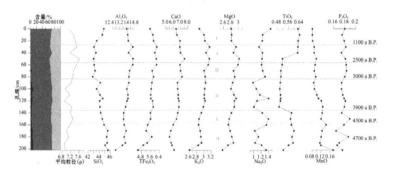

图 6.1-4a　B83 孔常量元素含量曲线图[wt%,据廖永杰等(2015)]

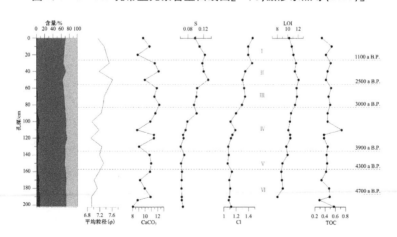

图 6.1-4b　B83 孔常量元素含量曲线图(wt%,本文)

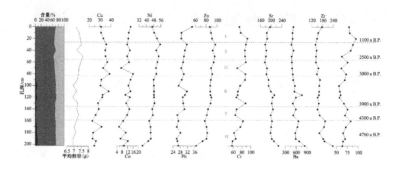

图 6.1-5a　B83 孔微量元素含量曲线图(10⁻⁶)[据廖永杰等(2015)]

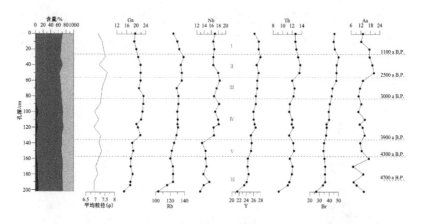

图 6.1-5b　B83 孔微量元素含量曲线图(10⁻⁶)(本文)

段 Ⅵ:孔深 155～202 cm。是柱状样中沉积物粒度最粗的分段。自下而上,Ca、Na、Mn、Sr、Ba、Zr 含量先降低后升高;Al、Fe、K、Mg 及其他常见重金属含量均为先升高后降低;As、Co、P 含量在中部出现波动。

6.2　B83 孔柱状样特征指标对沉积环境和古气候演化的指示意义

6.2.1　B83 孔粒度特征对古沉积环境演化的指示

6.2.1.1　沉积动力指标的变化及指示意义

根据 Pejrup 分类法,B83 孔各层位沉积物的 Pejrup 类型均为 D-Ⅲ型。单就分类看,砂含量均没有超过 10%,水介质能量强度较弱;黏土/粉砂比值在 0.5 左右,扰动性不强。由此表明 B83 孔在过去的 5000 年里环境相对较为稳定,没有发生剧烈的沉积动力波动。B83 孔 5000 年以来的粒度指数变化见图 6.2-1。

（1）砂/泥

砂属于推移质,泥（黏土和粉砂）属于悬移质,两者的比值可以指示海洋水介质的运动强度。B83 孔砂/泥比值的范围介于 0.001～0.085。5000 年以来的砂/泥比值特征为:5000—4300 a B.P. 是 5000 年以来砂/泥比值最高的阶段,也是水介质平均动能强度最大的阶段;其变化趋势是逐渐减小,水介质的平均动能强度逐渐减弱;4300—3000 a B.P. 的砂/泥比值处于 5000 年以来的中等水平,水介质的平均动能强度比 4300 a B.P. 以前弱;3500 a B.P. 的波动可能是由自生重晶石的结晶颗粒所致;3000 a B.P. 以后是 5000 年以来砂/泥比值最低的阶段,也是水介质平均动能强度最弱的阶段。整体较为稳定,没有发生明显波动。

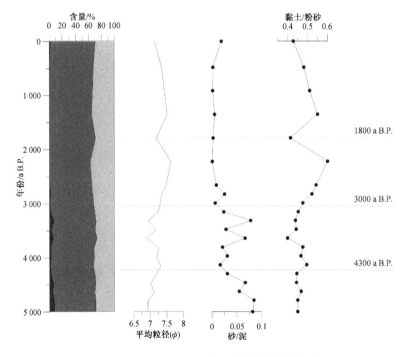

图 6.2-1　B83 孔 5000 年以来的粒度指数变化

（2）黏土/粉砂

黏土/粉砂比值大小可以反映沉积物的扰动程度。B83 孔黏土/粉砂比值的范围介于 0.4～0.6。5000 年以来的黏土/粉砂比值的特征为:5000—4300 a

B. P. 是 5000 年以来黏土/粉砂比值最低的阶段,且比较稳定,表明环境的扰动性较强;4300—3000 a B. P. 的黏土/粉砂比值比 4300 a B. P. 以前的略大,但有减小的趋势,表明扰动性比 4300 a B. P. 以前弱,但有逐渐变强的趋势;3000—1800 a B. P. 的黏土/粉砂比值比之前要大得多,且逐渐增大,表明扰动性非常弱。1800 a B. P. 表现出的突变点应与自生矿物结晶颗粒有关,自生矿物的形成需要弱扰动环境。可以认为,黏土/粉砂比值在 1800 a B. P. 达到 5000 年以来的最高值,扰动性达到最弱;1800 a B. P. 以后的黏土/粉砂比值仍处于较高的水平,但黏土/粉砂比值逐渐减小,扰动性有增强的趋势。

6.2.1.2　粒度敏感组分的变化及指示意义

粒度敏感组分已被广泛用于研究不同物源或沉积动力条件下的古沉积环境,最为常用的是粒级-标准偏差法(Wang W. L. et al., 2003;孙有斌等,2003;胡邦琦,2010)。

(1) 敏感粒级提取

B83 孔的粒级-标准偏差曲线如图 6.2-2 所示,可以看出有 3 个敏感组分:敏感组分 S1($\phi2\sim\phi4$)、敏感组分 S2($\phi5\sim\phi6$)、敏感组分 S3($\phi7\sim\phi9$)。其中敏感组分 S2 的标准偏差值最大。B83 孔敏感粒级含量变化如图 6.2-3 所示。

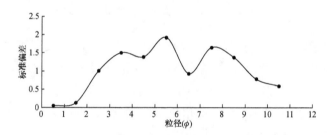

图 6.2-2　B83 孔粒径-标准偏差曲线图

(2) 敏感粒级的形成机制及意义

① 敏感组分 S1

敏感组分 S1($\phi2\sim\phi4$)为粗粒组分,属于细砂和极细砂粒级,搬运以跃移为主。S1 组分的高值区主要出现在 5000—3300 a B. P.。这一时期恰好是古滦河在进曹妃甸浅滩形成的时期,距离 B83 孔较近;当时黄河在渤海湾西岸入海,于 2000 年前才在垦利入海。因此,S1 组分应主要来自古滦河。S1 组分代表了高能沉积环境下古滦河的粗粒物质供给。敏感组分 S1 含量高的时期(5000—4500 a B. P. 和 3600—3300 a B. P.),与古气候的冷干时期相互对应,因此,敏感组分 S1 也可以指示冬季风强度。

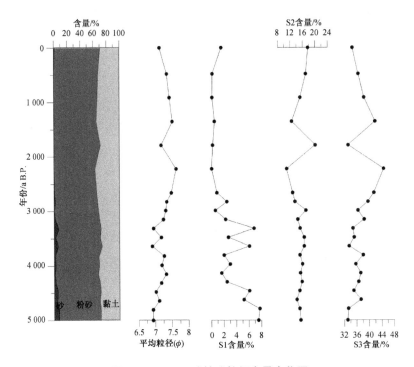

图 6.2-3   B83 孔敏感粒级含量变化图

5000—4300 a B. P. 阶段的 S1 含量高达 5%～8%,该段沉积物粒度粗化,冬季风增强;4300—3800 a B. P. 阶段的 S1 含量降低至 1%～3%,悬移组分增多,冬季风减弱,夏季风增强;3600—3300 a B. P. 阶段的 S1 含量又波动性增高至 6%～7%,又出现了沉积物粒度粗化现象,冬季风增强;2500 a B. P. 以后 S1 几乎缺失,可能与黄河改道后细粒物质供给增加有关。

② 敏感组分 S2

敏感组分 S2(ϕ5～ϕ6)属于粗粉砂粒级,递变悬移组分。数据显示,S2 在早期非常平稳,敏感组分 S2 的高标准偏差主要是由 1800 a B. P. 的突变点所致。1800 a B. P. 前后这一时期被认为是 5000 年来最热的时期,持续了约 300年(洪业汤等,1997),伴随着大量自生重晶石的形成,可能是由极端高温事件导致海水过量蒸发,海平面下降和海水盐度过高所致。敏感组分 S2 代表了由极端气候事件导致的海洋化学沉积。

③ 敏感组分 S3

S3 的变化趋势为:5000—4700 a B. P. 阶段较低;4700—3300 a B. P. 阶段略高;3300 a B. P. 以后先逐渐增高后逐渐降低;1800 a B. P. 前后出现剧减突变点。总体看来,S3 在 2500 a B. P. 以前与 S1 负相关;在 2500 a B. P. 以后与 S2 负相关。

敏感组分 S3($\phi 7 \sim \phi 9$)属于细粉砂和黏土粒级,搬运形式全部为悬移搬运,黄河的细粒物质是 S3 的主要来源。敏感组分 S3 代表低能沉积环境下以潮流携带稳定悬移组分的沉积。S3 的增高指示黄河物源增加,或者潮流、环流的增强。

6.2.2　B83 孔碎屑矿物特征对古沉积环境演化的指示

碎屑矿物特征可以有效地反映物源(尤其是碎屑组分的物质来源)和沉积动力环境等在过去的演变状况。某些自生矿物如自生黄铁矿、自生重晶石等对于古环境的变化具有特殊的指示意义。

6.2.2.1　矿物成熟度的变化及指示意义

(1) 石英/长石

石英/长石比值是描述矿物成熟度的一种根据轻矿物计算的指标(杨作升等,2008)。长石属于不稳定矿物,极易发生化学风化而蚀变,石英是极为稳定的矿物。石英/长石的高比值指示强化学风化作用,低比值指示以物理风化为主的快速剥蚀搬运沉积。

5000—4300 a B. P. 阶段的石英/长石比值整体偏低,以物理风化为主;先升高,后降低。4300—3500 a B. P. 阶段的石英/长石比值逐渐升高,成熟度逐渐增加,化学风化程度逐渐增强,至 3500 a B. P. 达到 5000 年以来的最高值。3500—1800 a B. P. 阶段的石英/长石比值逐渐降低,至 3000 a B. P. 达到稳定,一直延续到 1800 a B. P. 。1800 a B. P. 以后,石英/长石比值显著升高,化学风化程度逐渐增强。

一般来说,湿热的气候下化学风化强,石英/长石比值偏大,而干冷气候下化学风化弱,石英/长石比值偏小。因此,石英/长石比值常被用来指示气候的变化(陈江军等,2015)。然而,在渤海湾地区这一指示似乎并不正确,5000—4300 a B. P. 普遍认为这一阶段的气候经历了暖湿—冷干—暖湿的转变,但5000—4300 a B. P. 阶段的石英/长石比值先增大后减小,明显不符。黄河流域由于流经黄土高原,当气候暖湿时,流域流量增加,此时实际表现为以侵蚀增强为主要特征的物理风化显著增强,从而导致石英/长石比值较小。因此,在渤海湾海域,石英/长石的高比值指示干冷气候,低比值指示暖湿气候。石英/长石比值与气候和物源变化对比详见图 6.2-6。

(2) SM/UM

稳定矿物与不稳定矿物的比值(SM/UM)是描述矿物成熟度的一种根据重矿物计算的指标。SM/UM 高比值,即表明稳定矿物含量高,代表源区化学风化程度高;低比值则代表化学风化程度低。

SM/UM 比值的变化与石英/长石的基本一致,差异主要有 2 点:一是 SM/UM 比值在 3500 a B. P. 虽然有增高的趋势,但不如石英/长石的变化明显;二是 SM/UM 比值在 1800—200 a B. P. 阶段最高,而石英/长石比值在 3500 a B. P. 最高。

6.2.2.2 矿物稳定指数的变化及指示意义

矿物稳定指数(ZTR)即锆石、金红石、电气石的含量之和,代表极稳定矿物的含量。一般物源供应充足时该含量较低,而当物源供应不足时,极稳定矿物的含量会升高。5000—4300 a B. P. 期间 ZTR 值先升高后降低,至 4300 a B. P. 达到最低,指示着物源供应先减少后增多,4300 a B. P. 物源供应达到高峰;4300—3000 a B. P. 期间 ZTR 数值在轻微波动中整体稳定,指示物源供应有所减弱;3000—1000 a B. P. 期间 ZTR 数值非常低,指示物源供应充足,可能与暖湿气候及黄河改道利津入海有关;500 a B. P. 出现一个 ZTR 数值的高点,可能是黄河于 1128—1855 年在苏北入海从而导致本区物质供应匮乏的反映,表层 ZTR 数值又变为较低,指示了 1855 年改道垦利入海后的充足物源供应。

6.2.2.3 重矿物分异指数对古沉积动力环境的指示

水动力差异会对矿物的密度产生沉积分异,水动力环境较强时大密度矿物富集,水动力环境较弱时则小密度矿物富集。分异系数(F)是小密度矿物含量除以大密度矿物含量得出的指数。本节为了数据展示的便意,计算了分异系数的倒数(1/F),其高值指示强水动力环境。由图 6.2-4 可知,5000—4300 a B. P.

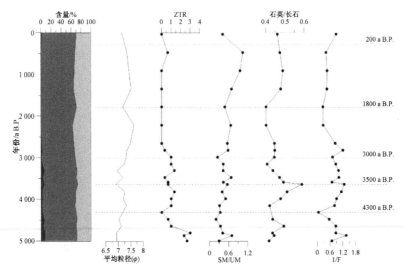

图 6.2-4   B83 孔碎屑矿物指数垂向变化图

时期的水动力环境迅速减弱,至 4300 a B. P. 最弱,形成了自生黄铁矿;4300—3000 a B. P. 时期的水动力有所增强;3000 a B. P. 之后水动力逐渐减弱,形成了自生黄铁矿和自生重晶石。

6.2.2.4　自生黄铁矿对古氧化还原环境演化的指示

自生黄铁矿的形成指示为缺氧环境,可以很好地指示古氧化还原环境演化。另有 V、As 等元素对氧化还原环境的变化也非常敏感,因此将自生黄铁矿作为替代性指标在 6.2.3 节中进行统一讨论。

6.2.3　B83 孔地球化学特征对古沉积环境演化的指示

元素含量受到多种因素的制约,如粒度控制律、物源及内生矿物等。为了尽可能获取可指示沉积环境的良好指标,降低沉积环境以外因素对元素分布的影响,研究者们多倾向于采用元素含量的比值法,这样可以反映元素间的相对富集程度,消除多种影响因素,揭示隐蔽的关系(王国平等,2005)。不同的元素具有不同的表生地球化学行为,因此,通过特征元素的含量或元素比值可以更有效地反演沉积作用和沉积环境的演化信息。

6.2.3.1　渤海湾 5000 年以来的古气候冷暖演化

Mg/Ca 比值作为古环境的代用指标得到了广泛应用,尤其是在古海洋学有孔虫壳体推测古水温研究中(Eggins S. et al., 2003;Sadekov A. et al., 2009)。Mg/Ca 比值也被应用于湖泊沉积的古气温研究(吴永红,2016),适用于以外源输入为主的沉积环境中。在本研究区,Ca 和 Mg 一般以外源输入为主,内生沉淀居其次,由于外源输入的 Ca、Mg 含量相对稳定,所以 Mg/Ca 比值实质上是反映了内生 $CaCO_3$ 含量的变化。Mg/Ca 的高比值指示寒冷气候,低比值指示温暖气候。Mg/Ca 气温指标的指示为:5000 a B. P. 以后,Mg/Ca 比值迅速增大,指示气温迅速降低,至 4700—4500 a B. P. 阶段处于极端低温期。4500—4200 a B. P. 期间的 Mg/Ca 比值逐渐减小,指示着气温逐渐上升。

5000—4200 a B. P. 期间的先剧烈降温后迅速升温的气候变化已被广泛发现,并被认为是全球性事件(杨子赓,1989)。本书在渤海湾泥质区发现了这一气候突变期的沉积记录。

4200—3000 a B. P. 期间,Mg/Ca 比值整体较低且波动不大,为气候相对稳定的温暖期。在 3600—3400 a B. P. 期间出现了一次波动,Mg/Ca 比值增大,指示气温降低,与黄成彦等(1994)在北京颐和园昆明湖得出的孢粉分析结果(植被为由藜属、蒿属、伞形科、禾本科组成的森林草原)——冷干气候相符。

3000—2200 a B. P. 期间,Mg/Ca 比值又有降低,且达到了 5000 年以来的最低水平,指示为最温暖的时期。在这一时期,中国河北平原地区植被为以松属、桦属等为主的落叶阔叶林占优势(袁宝印等,2002)。期间于 2700 a B. P. 出现了一次降温波动。

2200 a B. P. 以后,自 4200 a B. P. 开始的持续了 2000 年左右的气候温暖期结束。2200 a B. P. 以后的 Mg/Ca 比值整体偏大,气候向寒冷方向发展,河北平原地区植被为以松属为主的针阔混交林,草本植物中的蒿属比例增加(袁宝印等,2002)。

1300a B. P. 前后的 Mg/Ca 比值较大,指示气温降低,这一时期对应着中国历史上北宋—唐朝的冷期(洪业汤等,1997);900 a B. P. 前后的 Mg/Ca 比值较小,指示气温较高,对应着 9—13 世纪的中世纪暖期;500 a B. P. 以后的 Mg/Ca 比值较大,指示气温较低,对应着 15 世纪后期至 19 世纪末的小冰期,为中国历史上的明朝冷期。

Mg/Ca 比值这一指标与东北金川地区泥炭氧同位素的指示结果(洪业汤等,1997)在整体上具有较好的一致性(图 6.2-5),这也指示着华北和东北地区在古气温的变化上非常相似,具有协同性。主要区别在于,本区在 3000—2200 a B. P. 期间处于最温暖时期,东北地区则不明显。

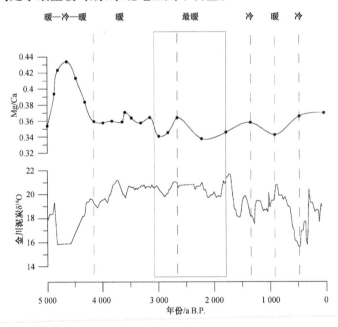

图 6.2-5　Mg/Ca 指标指示的渤海湾 5000 年以来的古气候冷暖变化
[吉林金川泥炭 δ^{18}O 引自洪业汤等(1997)]

6.2.3.2　渤海湾 5000 年以来的物源变化及其对古气候干湿变化的指示意义

（1）物源变化指数的选用

① Ca/Al 判别函数。由于黄河物质具有高 CaO 含量,而滦河物质中的 CaO 含量较低,因此在 5.3.2 节中,基于 Ca/Al 判别函数,判断了渤海湾现代表层沉积物与黄河、滦河物源的相似程度,并较好地指示了黄河物质的扩散。根据对柱状样 Ca/Al 判别函数的研究,则可以判断 5000 年以来各年代沉积物与黄河物质的接近程度,进而推断黄河物源对 B83 孔的影响能力的演变。黄河流域降水越多,物质入海量就越大,Ca/Al 判别函数就越接近于黄河物源,因此 Ca/Al 判别函数的变化可以指示黄河流域降水变化和气候湿润程度。

② 物源指数(PI)。物源指数(PI)是基于两端元的多指标接近性指数。在 5.3.2 节中,基于物源指数(PI)判断了黄河、滦河物源对于渤海湾不同海域的现代表层沉积物的贡献能力。根据对柱状样物源指数(PI)的研究,则可以判断 5000 年以来黄河、滦河物源对于各年代沉积物贡献能力的相对多寡的演变。

③ 物源指数(PI)与 Ca/Al 判别函数的差异

由于 Ca 和 Al 均是亲黏土元素,在细粒沉积物中含量高,可以与细粒物质同步以悬浮的形式随潮流搬运,因此,黄河 Ca/Al 判别函数指示的本质是柱状样中的细粒物质与黄河物源的相似程度;而物源指数(PI)的计算是采用黄河-滦河两端元,可以反映两条河流影响力的相对变化。而且物源指数(PI)采用多种元素进行计算,涉及多种亲碎屑元素,部分元素的含量会受到其矿物存在形式的影响,因此,碎屑矿物种类和含量的变化也会引起物源指数的剧烈波动。物源指数(PI)更倾向于指示全沉积物的特征。

（2）B83 孔 5000 年以来的物源演化

古气候的温湿变化是影响黄河物源贡献能力的主要因素,尤其是以降水量为代表的湿度变化。气候越潮湿,降水就越多,河流径流量和入海泥沙量就越大,沉积物中黄河物源占比增加,沉积物就越与黄河物质相似;气候干燥时,反之。因此,物源的变化同时指示着古气候湿度的变化。B83 孔 5000 年以来物源变化及其对古气候干湿变化的指示见图 6.2-6。

5000—4700 a B.P. 期间的黄河 Ca/Al 判别函数及物源指数迅速变大,黄河流域径流减小、入海物质骤减,指示着气候快速变干旱。4700—4500 a B.P. 期间的黄河 Ca/Al 判别函数及物源指数达到极大值,黄河物源输入量达到 5000 年来最低,滦河粗粒物质的影响力突显,指示为干旱气候期。4500—4300 a B.P. 期间的黄河 Ca/Al 判别函数及物源指数迅速变小,指示黄河流域径流及入海物质骤增,黄河物源影响力增强,指示气候快速自干旱向湿润转变。自

5000 a B. P. 开始的先变干旱后变湿润的气候变化与上一节中提到的气温变化相一致,寒冷对应着干旱,温暖对应着湿润。

4300—3600 a B. P.,黄河 Ca/Al 判别函数为相对稳定的低值,指示黄河流域保持着较为湿润多雨的气候和稳定且较多的物源输入;而物源指数却逐渐增大,说明滦河物源的贡献能力增强,4000 a B. P. 的考古和地质统计资料显示,中国洪水概率最高的地区在河北平原(崔建新等,2003),滦河在 4000—3400 a B. P. 建造了以汀流河为顶点的规模最大的主体三角洲(高善明,1981),这些都是滦河物质影响力增强的证据。可能是由于滦河流域更靠北方,可能是地理位置导致副热带高压北移(洪业汤等,2003)的延迟所致。

3600—3400 a B. P. 期间的黄河 Ca/Al 判别函数及物源指数出现相对的高值,说明降水减少,导致径流和入海泥沙减少,指示气候较为干旱,持续了约 200 年。

3000—2200 a B. P. 期间的黄河 Ca/Al 判别函数明显偏小,指示气候湿润。其中于 3000—2800 a B. P. 黄河 Ca/Al 判别函数达到 5000 年来的最小值,指示黄河贡献能力达到顶峰,气候极端湿润;这一时期的低 Mg/Ca 比值又指示气温有升高,推测当时可能发生了持续约 200 年的极端暖湿事件,但目前尚未在相关研究中发现该极端事件的其他记录。2700 a B. P. 前后,出现了一个干旱波动。

2000 a B. P. 是一个时间节点,之后的物源指数整体偏小。现代沉积中的黄河 Ca/Al 判别函数显示,距离物源越近,黄河 Ca/Al 判别函数越小,而 2000 a B. P. 以后的黄河 Ca/Al 判别函数在气候向冷干演变的背景下仍保持较低的水平,指示了黄河改道垦利入海后,产生了黄河物源变近的影响。

1800 a B. P. 前后,黄河 Ca/Al 判别函数及物源指数减小,气候湿润,这一时期处于中国历史上东汉末—三国期间;1300 a B. P. 前后,黄河 Ca/Al 判别函数及物源指数增大,说明气候变干旱,这一时期对应着中国历史上北宋—唐朝时期;900 a B. P. 前后,黄河 Ca/Al 判别函数减小,指示气候变湿润,对应着 9—13 世纪的中世纪暖期;物源指数达到 5000 年来的最小值,黄河影响力远超滦河。900 a B. P. 以后,黄河 Ca/Al 判别函数及物源指数偏大,指示黄河物源影响力减弱,气候干旱。

由于取样间隔导致年代分辨率偏低,未能找到 1855 年黄河改道垦利的证据。B83 孔表层沉积物的指标指示了黄河物源影响力的锐减,应是由近代人类活动(水库建设、人为调水调沙)所致。

前人对西太平洋副热带高压脊线位置与降雨量之间关系的统计结果表明,

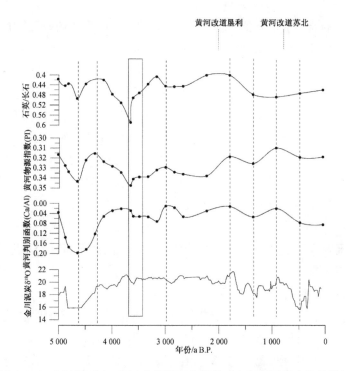

图 6.2-6　B83 孔 5000 年以来物源变化及其对古气候干湿变化的指示
[吉林金川泥炭 $\delta^{18}O$ 引自洪业汤等(1997)]

北纬 32.5°以北的地区,当西太平洋副热带高压偏北时,华北和东北地区在夏季降雨量偏多,且这种正相关性在吉林东部、辽宁东部、山东省表现得最好,东北和华北的现代气候变化具有一致性。本书中对渤海湾的研究结果与东北金川地区泥炭氧同位素的对比证明,在过去的 5000 年里,东北地区和华北黄河流域在古气候的温湿变化上也是一致的。

6.2.3.3　渤海湾 5000 年以来的古氧化还原环境变迁

古氧化还原环境变迁的影响因素较多,古气候冷暖干湿变化、古海平面变化、水动力强度和局部环流都会对其产生一定影响。自生黄铁矿作为最直观的自生指标,指示了缺氧事件下的强还原性环境。古氧化还原环境常与沉积物中的有机质密切联系,由暖湿气候下的海洋生物旺发、径流增加导致的陆源生物碎屑和入海泥沙增加,以及有机物质的快速埋藏都会导致缺氧事件的发生。常、微量元素中的 V、As 等对氧化还原环境较为敏感,也可指示古氧化还原环境变迁。

（1）古氧化还原环境的替代性指标

① 自生黄铁矿

自生黄铁矿(FeS_2)是在浅部埋藏时通过碎屑铁矿物和氢硫化物(由细菌和

层间溶液中的硫酸盐的还原反应产生)之间的反应而生成的(王昆山等,2005),其成因与它所处的厌氧或部分厌氧环境相关联。自生黄铁矿的形成与水体的局部上升以及不同水体混合的 Fe 的絮凝沉淀有关,与泥质沉积物在空间上共存,富氧水体中的局部还原环境是形成硫化物的重要条件(初凤友等,1995)。还原性环境的形成多与丰富的有机质和高沉积速率下的快速埋藏有关,沉积物中有机质分解消耗氧气,在埋藏条件下导致了缺氧环境,促进了硫酸盐和三价铁的还原。温暖湿润气候条件下的河口外细粒沉积区,常伴随着高含量的有机质,形成大量黄铁矿。因此,自生黄铁矿的富集指示着缺氧环境的形成,对于沉积环境的氧化还原性具有较好指示意义。

② V

V 主要赋存于磁铁矿、钛铁矿、磷灰石及暗色的辉石、角闪石、黑云母中,在表生条件下被氧化由 3 价变为 5 价,可形成 $[VO_4]^{3-}$ 络阴离子,在碱性介质中容易搬运,在酸性介质中则容易形成聚合物(刘英俊,1984)。V 难以迁移,受细粒的吸附作用、有机质对五价钒的还原作用、与重金属离子的络合均可发生沉淀,国内外的相关研究发现富含有机质的沉积物都富集 V(牟保磊,2000)。V含量对氧化还原环境非常敏感,V 在还原条件下易富集,而 Ni 在氧化条件下易富集,V/Ni 比值可反映沉积水体的氧化还原环境(张春良等,2016)。

③ As

自然界中的砷主要来源于含砷硫化物的氧化,如富砷黄铁矿等。砷元素通过吸附在铁、铝等金属元素的氧化或氢氧化物表面实现迁移和富集。Scholz F. 和 Neumann T.(2007)在波罗的海的某泻湖中发现,其富集黄铁矿沉积物的表层为一层富集有机质的浮泥层,氧气穿透局限在浮泥层的最上部,在其下部则形成还原带,As 的含氧阴离子可以吸附在黄铁矿上并随之沉淀。泥炭沉积物有机质的分解会造成厌氧环境,在富含有机质的沉积物中,As 会与其分解产物发生络合(邓娅敏,2008)。因此,砷的含量对氧化还原环境非常敏感。砷元素的变化还可以响应区域气候环境的变化,气候冷干时的砷元素含量较高;气候暖湿时的砷元素含量较少(陈永强,2016)。

(2)古氧化还原环境的演化史

自 5000 a B.P. 开始,V/Ni、As/Al 的比值先降低后升高,整体偏高(图 6.2-7),为弱还原性环境。这一阶段对应着气候的冷干时期。

4.3 ka B.P. 各指标达到一个峰值,出现缺氧事件,为强还原性环境,自生黄铁矿大量形成。这一时间点对应着气候的快速暖湿时期,为黄河水患的频发期。

4.2—2.5 ka B.P. 期间各指标呈现稳定的低值,为氧化环境。这一阶段的

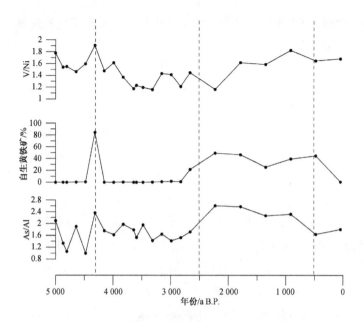

图 6.2-7　古氧化还原环境替代性指标的变化

气候相对稳定,黄河入海口也稳定在渤海湾西部。

2.5—0.5 ka B.P. 各指标呈现高值,出现缺氧事件,为强还原性环境,自生黄铁矿大量形成。这一期间的气候波动性变冷,并不利于还原环境的形成,但是本阶段黄河在利津入海,同时高含量的生物碎屑指示着海洋生物大量生长,有机质丰富,陆源生物碎屑及泥沙供应增加下的快速埋藏可能是还原环境形成的主要原因。1.3 ka B.P. 的自生黄铁矿略有减少,可能与北宋—唐朝的寒冷期有关(洪业汤等,1997)。

0.5 ka B.P. 以后各指标有降低的趋势但仍相对偏高,为弱还原环境,无自生黄铁矿形成。

(3) 其他

经分析发现,在渤海湾海域,无论是在现代沉积还是 B83 孔的柱状样沉积中,自生黄铁矿的形成期都伴随着高含量的云母。根据云母的水力学特性,由于其具有片状结构,砂粒级的云母与粗粉砂的粒状石英沉降等效,因此,高含量的云母指示着自生黄铁矿的形成伴随着弱水动力条件。同时,由于云母是黄河物源的代表性矿物,因此,自生黄铁矿的形成与黄河物质入海量的骤增密切相关,可能也指示了当时的环境为暖湿气候。但需要指出的是,暖湿气候下的有机质增加和快速埋藏只是还原性环境形成的有利条件之一,而不是对应关系。只有当缺氧达到一定程度并较为强烈时,才会导致自生黄铁矿的大量形成。

6.2.3.4 渤海湾 5000 年以来的古水深变化及与海平面变化的关系

温度的剧烈变化、冰川的增减、海平面的变化及由此引起的水深及盐度的变化都是相互关联的。前人的研究证实 $\delta^{18}O$ 比值的变化、古孢粉植被、$CaCO_3$ 含量等指示的温暖期与海平面上升出现的年代相一致,冰川的进退也与海平面上升呈现十分鲜明的对应关系,这种对应关系在世界范围内普遍被发现(王靖泰等,1980)。气候变化、冰川进退、海平面升降之间存在着深刻的内在联系,其中气候变化是原因,冰川进退和海平面升降只是气候变化的结果。渤海湾 5000 年以来的古水深变化及与海平面变化的关系如图 6.2-8 所示。

(1) Fe/Mn 比值的古水深指示

O 与 Fe 的亲合力明显低于与 Mn 的亲合力,Fe/Mn 比值可以指示沉积时的水深状况,一般浅水环境下沉积物中的 Fe/Mn 比值比深水环境下的要大得多。Fe/Mn 的高比值指示浅水,低比值指示深水。Fe/Mn 比值在 5000 年里的总体趋势为变大,指示水深变浅,与海平面下降和沉积厚度增加的趋势相符合。

5000—4700 a B. P. 期间,Fe/Mn 比值增大,并于 4700 a B. P. 达到最大,指示水深变浅,正在发生海退,在 4700 a B. P. 达到低海面时期,此期间对应着降温事件。全新世以来最大的一次海进——献县海进在黄骅地区形成的海相层(8500—5500 a B. P.)被陆相或海陆过渡相沉积所覆盖(杨子赓等,1978),因此,在 5500 a B. P. 前后发生过一次海退,在苏联远东地区、日本北部沿海地区等均有研究证实了这一事件的存在(杨达源,1988)。中国华南沿海的海平面标志研究(黄镇国,1986)显示,这一期间海平面高度曾从+4.5 m 降至−2.7 m。由于所处时代相似,因此应为同一事件的区域性差异,这一海退事件在渤海湾于 4700 a B. P. 停止。

4700—4000 a B. P. 期间,Fe/Mn 比值减小,并于 4000 a B. P. 达到最小,指示水深变深,发生海侵,并于 4000 a B. P. 达到高海面时期,此期间对应着升温事件。

4000—3000 a B. P. 期间,Fe/Mn 比值增大,并于 3000 a B. P. 达到最大,指示水深变浅,发生海退,并于 3000 a B. P. 达到低海面时期。此期间气温相对稳定,没有大的波动。

Fe/Mn 比值指示了 4700—3000 a B. P. 期间的海平面上升和下降。杨子赓等(1978)在埕宁隆起的钻孔中发现了形成于 5000—3500 a B. P. 期间的海相沉积层,称为沧东海进。本文钻孔指示的发生在该时期的海平面上升与沧东海进应是同一事件,3500 a B. P. 虽然已经退出埕宁隆起的钻孔处,但海面的下落并未停止,本书的研究结果指示海退一直持续到 3000 a B. P. 前后。

3000a B.P. 之后,Fe/Mn 比值变化不大,仅出现几次小的波动。2000 a B.P. 前后,Fe/Mn 比值略有升高。高善明等(1984)在渤海湾北岸蓟运河东的宁河县田庄佗村发现了战国、西汉文化遗址被海相层所覆盖,证实曾发生了一次规模较小的海平面上升波动,经 ^{14}C 测年测定,形成时间约在 2000 年前的东汉时期。近 1000 年里,Fe/Mn 比值比略有升高,可能与由近代人类活动导致的全球气候变暖和海平面上升有关。

经对比,研究钻孔的 Fe/Mn 比值指示的古水深变化与徐家声(1994)在黄骅地区根据贝壳堤反演的海平面高程和岳军等(2011)在渤海西岸恢复的相对海平面变化大体一致(图 6.2-8)。

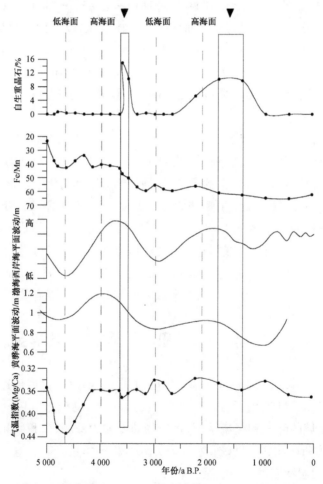

黄骅海平面波动(徐家声,1994),渤海西岸海平面波动(岳军等,2011)

图 6.2-8　渤海湾 5000 年以来的古水深变化及与海平面变化的关系

（2）自生重晶石（$BaSO_4$）富集层的沉积环境意义

自生重晶石的主要成分是 $BaSO_4$，$BaSO_4$ 溶解度极低，其析出并沉淀为自生重晶石主要有两种条件：一是海水大量蒸发，淡水输入不足，水溶剂减少导致 Ba^{2+}、SO_4^{2-} 离子浓度升高，超过了 $BaSO_4$ 的溶度积而析出；二是水溶剂中 Ba^{2+} 或者 SO_4^{2-} 输入量突然增加，超过了 $BaSO_4$ 的溶度积而析出。自生重晶石的形成指示的沉积环境也有两种：一种是气候暖干，温度高降水少，海水蒸发量大于补给量，海水盐度高，海平面下降；另一种是海洋生物的旺发，富集和固定了大量的 Ba，海洋生物死亡后沉降进入沉积物并腐烂分解，释放出过量的溶解态 Ba^{2+}，与 SO_4^{2-} 离子结合而析出自生重晶石沉淀。

自生重晶石的富集出现在两个时期：一是 3500—3400 a B. P.，二是 2200—1400 a B. P.。通过与海平面变化的对比发现，以上两个自生重晶石形成期均处于海平面下降的初期，因此推测，在海平面下降的同时，伴随着淡水补给不足和海水盐度的快速升高，导致了自生重晶石的析出。在以上两个时段内，沉积物突然粗化，突变主要特征是 $\phi 5 \sim \phi 6$ 粒级的突然增多，可能是由自生矿物结晶造成的。

然而，这种推测也有冲突的地方。3600—3300 a B. P. 期间的 Mg/Ca 比值指示了一个低温事件，Ca/Al 判别函数指示了一个干旱事件以及沉积物粗化，石英/长石比值达到 5000 年来的最高，沉积物经受剧烈的化学风化，成熟度高，这些证据证明当时气候发生了短期的冷干波动，可以与海平面的下降相对应。然而，2200—1400 a B. P. 与 3600—3300 a B. P. 期间的自生重晶石形成事件却不同，该阶段的石英/长石比值非常低，化学风化并不强烈，气候较为温暖湿润，而且这次海平面波动非常小，$BaSO_4$ 也可能是通过海洋生物旺发而富集沉淀。因此，很难准确地证明自生重晶石的形成是否与海平面下降有关。

6.3 渤海湾 5000 年以来沉积环境和古气候演变总述

5000—4700 a B. P. 期间，在 300 年的时间里，Mg/Ca 比值迅速增大，气温降低；黄河的 Ca/Al 判别函数由 0.03 增加到 0.20，物源指数由 0.21 增加到 0.33，黄河流域的降水和径流减少，黄河物源影响力减弱；沉积物粗化，砂粒级含量可达 10%；矿物成熟度（石英/长石）增大，稳定指数升高。这一时期，气候快速地由温暖湿润变得寒冷干燥。

4700—4500 a B. P. 期间，在 200 年的时间里，Mg/Ca 达到极大值，黄河的 Ca/Al 判别函数及物源指数也达到极大值，黄河物源输入量达到 5000 年以来的最低水平,敏感组分 S1 含量达到 5000 年以来的最高值,滦河粗粒物质的影响力突显。在这一时期,冷干气候达到峰值。

4500—4200 a B. P. 期间,在 300 年的时间里,Mg/Ca 比值迅速减小,气温迅速回升;黄河的 Ca/Al 判别函数及物源指数迅速变小,黄河流域径流及入海物质骤增,降水增加,黄河物源影响力增强;沉积物中的细粒组分显著增多;矿物成熟度(石英/长石)减小,稳定指数降低,物理风化增强。在本时期,气候快速地自冷干向暖湿转变。这一变化在 4300 a B. P. 发生质变,重矿物中自生黄铁矿突然出现并且含量高达 84%,钛铁矿、磁铁矿、赤(褐)铁矿等几乎全部被还原,出现一个强缺氧事件。温暖湿润的气候促进了流域植物和海洋浮游生物的旺发,有机质含量增加;入海物源的骤增导致了较高的沉积速率,有机质难以被完全分解即被迅速掩埋;有机质的分解和过剩导致了缺氧状态,在还原环境下形成了大量的自生黄铁矿。根据突发的高含量云母,推测这一时期黄河曾在短时段内由利津入海。5000—4200 a B. P. 期间的气候剧烈变动,以 5.0 ka B. P. 的快速冷干事件及 4.2 ka B. P. 的快速暖湿事件为代表。

4200—3000 a B. P. 期间,Mg/Ca 比值整体较低且波动不大,为气候相对稳定的温暖期。其中,4200—3600 a B. P. 期间,黄河的 Ca/Al 判别函数较小,相对稳定略有下降,指示黄河物源输入总体偏多,黄河流域保持较为湿润多雨的气候;而物源指数却逐渐增大,滦河物源的特征矿物(磁铁矿、钛铁矿、石榴石等)含量显著增加,说明滦河物源贡献能力增强。4000 年前河北平原洪水概率高,滦河于 4000—3400 a B. P. 建造了以汀流河为顶点的规模最大的主体三角洲,在这一时期,滦河流域进入多雨期,可能是由地理位置导致副热带高压北移的延迟所致。3600—3400 a B. P. 出现了一次冷干气候波动,黄河的 Ca/Al 判别函数偏大,物源指数和石英/长石比值则达到了 5000 年以来的历史最高值,降水显著减少,是黄河影响力最弱的时期,也是滦河影响力最强的时期。石英/长石比值、稳定指数高,沉积物粗化,形成自生重晶石。

3000—2200 a B. P. 期间,Mg/Ca 比值又有所降低,且达到了 5000 年以来的最低水平,指示为最温暖的时期。石英/长石比值、黄河的 Ca/Al 判别函数达到 5000 年以来的最小值,黄河贡献能力达到顶峰,气候非常湿润。这是 5000 年中气候最为暖湿的时期。

2200 a B. P. 以后的 Mg/Ca 比值、黄河 Ca/Al 判别函数及物源指数整体偏大,自 4200 a B. P. 开始的持续了 2000 年左右的暖湿期结束,气候向冷干方向发展。

2000 a B. P. 是一个时间节点,之后的物源指数整体偏小,黄河 Ca/Al 判别函数在气候向偏冷干演变的背景下仍保持较低的水平。A. D. 11 黄河改道由垦利入海，由于距离变近，黄河物质对 B83 孔的影响力明显增强，云母等矿物含量显著增加；滦河物质的影响力明显减弱，磁铁矿、石榴石显著减少，石英/长石比值较大；沉积物达到最细。黄河改道垦利入海后，对渤海湾的沉积产生了巨大的影响。

1300 a B. P. 前后，Mg/Ca 比值、黄河 Ca/Al 判别函数及物源指数增大，指示气候较为冷干，这一时期对应着中国历史上的北宋—唐朝时期。900 a B. P. 前后，Mg/Ca 比值、黄河 Ca/Al 判别函数减小，指示气候变暖湿，物源指数达到 5000 年以来的最小值，这一时期黄河的影响力达到远超滦河的巅峰，对应着 9—13 世纪的中世纪暖期。500 a B. P. 前后，气候冷干，对应着 15 世纪后期至 19 世纪末的小冰期。

6.4　对古气候突变事件的探讨

6.4.1　5000 a B. P. 气候降温变干事件

全新世大暖期的黄金阶段以 5700 a B. P. 的强降温事件作为结束的标志，此后气候向偏冷干转变，并出现强烈波动。

5000—4700 a B. P. 阶段，Mg/Ca 比值迅速增大，黄河判别函数和物源指数迅速增大，轻矿物成熟度增加，沉积物粗化。这些证据证实，在 5000 a B. P. 以后的短短 300 年里，发生了迅速的降温变干事件，并且在 4700—4500 a B. P. 处于极端低温干旱期。

自 5000 年前开始的强降温事件已被认为是全球性事件，由于在全球广泛发现降温证据，如植被和孢粉学上在斯堪的纳维亚、加拿大及格陵兰的针叶林增多，阔叶林减少(Nisson T.，1983)；瑞典哥特兰岛湖相泥炭氧同位素($\delta^{18}O$)的降低；挪威、北美和中国天山发生的冰川扩张(高迪等，1981)；撒哈拉沙漠的形成(Lamb H. H.，1972)。在我国也有着大量的相关研究，如长江三角洲(王开发等，1978)、珠江三角洲(广州地理研究所等，1982)、河北平原(杨子赓，1989)的针、阔叶林比例变化，东北地区(洪业汤等，1997)泥炭氧同位素等的证据。

6.4.2　4200 a B. P. 气候快速暖湿事件与缺氧事件

4500—4200 a B. P. 阶段，Mg/Ca 比值迅速减小，黄河判别函数和物源指数迅速减小，轻矿物成熟度降低，沉积物变细。这些证据证实，在 4500—4200 a B. P.

的 300 年里,气候快速变得温暖湿润。沉积记录显示,这一变化在 4300 a B. P. 发生质变,重矿物中自生黄铁矿突然出现并且含量高达 84%,钛铁矿、磁铁矿、赤(褐)铁矿等几乎全部被还原,表现出一个强缺氧事件,并伴随着突发的高含量云母。

Bond G. 等人(1997)在北大西洋全新世深海沉积物中最早对 4.2 ka B. P. 事件进行了有针对性的研究,并称之为"全新世事件 3"。4.2 ka B. P. 事件是一个全球或者至少是北半球的气候异常事件,在亚洲(Jin Z. D. et al., 2005; Cosford J. et al., 2008)、欧洲(Carrion J. S., 2002; Drysdale R. et al., 2006)、非洲(Thompson L. G. et al., 2002)和北美洲(Hardt B. et al., 2010)均有记录,其主要表现为由湿润变干旱。

在中国的研究中,对于 4.2 ka B. P. 的气候状况出现了争议和分歧(崔建新等,2003; Wu W. and Liu T., 2004;史威等,2008),有的研究认为是气候干旱,有的认为是气候湿润,发生了洪涝灾害。商志文等(2016)发现渤海西岸岭头、俵口和空港物流中心的埋藏牡蛎礁体均在 4.2—4.0 ka B. P. 时结束建礁,并被厚厚的泥层掩埋;礁体 O 同位素在 4.3—4.2 ka B. P. 逐渐变轻,认为气候变暖湿。Wu W. 和 Liu T. (2004)通过研究提出 4.2 ka B. P. 之后,中国的气候变化在南方和北方不一致,表现为南涝北旱。洪业汤等(2003)通过对比发现,在过去的 5000 年中,吉林金川和四川红原泥炭纤维素 $\Delta^{13}C$ 值指示的古降水在时间序列上存在明显相反的变化,并认为是西太平洋副热带高压活动导致了中国南方和北方在季风降水上的相反差异。

4200 a B. P. 前后的气候突变事件,在黄河流域、华北、东北的湿润气候影响下形成洪水期,在中国南方的干旱气候影响下形成旱灾,这一气候突变事件对华夏古文明产生了巨大影响。2000 a B. P. 前后,新石器文化数量锐减,规模缩小:两湖地区的石家河文化、江浙一带的良渚文化、黄河中游的老虎山文化、黄河下游的龙山文化、甘肃和青海地区的齐家文化、辽河流域的红山文化都发生了中断或衰弱,新的文明开始兴起。据夏商周断代工程等考古活动成果,史料记载的中国文明早期的"大禹治水"可能是真实存在的,大洪水发生的年代经考证也是在 2000 a B. P. 左右(崔建新等,2003)。4.2 ka B. P. 事件是造成这一时期世界范围的史前文明衰落和民族迁徙的重要原因。

6.4.3　4300—3600 a B. P. 滦河流域降水渐增事件

4300—3600 a B. P. 阶段,黄河 Ca/Al 判别函数小,相对稳定程度略有增大,指示黄河流域保持较为湿润多雨的气候,黄河保持稳定且有较多的物源输入;但是,物源指数却显著增大,指示滦河物源贡献能力增强,这说明滦河流域进入暖湿阶段。这一降水显著增加的变化已经被发现：前人通过中国洪水概率的考古和地质统计研究，发现 4000 年前洪水概率最高的地区在河北平原（崔建新等，2003）。这也与河流的快速堆积塑造地貌时期相对应，滦河于 4000—3400 a B. P. 前建造了以汀流河为顶点的规模最大的主体三角洲（高善明，1981）。

黄河流域自 4500 a B. P. 已经进入暖湿气候期，而滦河流域却晚了近 200 年，自 4300 a B. P. 才开始进入暖湿气候期。一般来说，夏季风增强时气候暖湿，冬季风增强时气候干冷，古季风的强弱变化受副热带高压的移动控制（洪业汤等，2003）。副热带高压北移导致中国北方气候湿润、南方气候干旱；南移时反之。滦河流域比黄河流域更偏北方，因此滦河流域降水突增事件可能是由地理位置差异导致副热带高压的移动延迟所致。

6.4.4 3600—3400 a B. P. 气候冷干事件

3600—3400 a B. P. 阶段，Mg/Ca 比值、黄河 Ca/Al 判别函数出现偏大的波动，黄河物源指数和石英/长石比值则达到了 5000 年以来的历史最高值，是黄河影响力最弱的时期，也是滦河影响力最强的时期。在这一时期，黄河流域气候显著冷干，化学风化增强，且伴随着沉积物的粗化。在这一时期，海平面开始下降，可能是由于在冷干气候下，淡水输入减少，海水盐度增加，导致了自生重晶石的析出。洪业汤等（1997）在东北金川地区的 $\delta^{18}O$ 研究中记录到了这次冷干事件。

6.4.5 3000—2800 a B. P. 极端暖湿事件

在 3000—2800 a B. P. 阶段，Mg/Ca 比值达到 5000 年以来的最低水平，指示气温异常温暖；黄河 Ca/Al 判别函数达到 5000 年来的最小值，说明黄河贡献能力达到顶峰，气候非常湿润。自这一时期开始，B83 孔中开始出现大量的自生黄铁矿和自生重晶石，生物碎屑的含量显著增加，说明这一时期气候适宜，海洋生产力高，海洋生物生长旺盛，但目前尚未在相关研究中发现 3000 a B. P. 极端暖湿事件的其他记录。

第7章

渤海湾现代沉积环境及古沉积环境演化控制因素探讨

7.1 渤海湾现代沉积环境控制因素探讨

7.1.1 海洋水文动力对现代沉积环境的影响

自河流进入渤海湾的物质因沉积动力分异而发生沉降,粗粒物质首先沉积,河口沉积物粗,向外海沉积物逐渐变细。沉积后的物质不断被波浪和潮流改造,逐渐适应海洋水文动力条件现状。

7.1.1.1 海洋水文动力与沉积特征

海洋水文动力环境随着离岸距离的增加发生显著变化。在沿岸,流速较小,波浪起主要作用;向外海随水深增加,波浪作用逐渐减弱,流速增大,潮流的作用逐渐凸显;至渤海湾中部的浅海,波浪难以作用至水深较深的海域,潮流起较弱的作用。图7.1-1显示了剖面的位置,图7.1-2显示了剖面的沉积特征变化。

沿岸海域由于长期的波浪掀动,属于高能环境,细粒物质被搅动悬浮难以存留,从而不断被搬向深水区。渤海湾北岸的曹妃甸浅滩、南岸的黄河三角洲沿岸(图7.1-1)均属于典型的高能沉积环境,其中曹妃甸浅滩沉积物最粗,砂含量最高可达100%;渤海湾南部近岸砂含量约为40%~80%;海河口-独流减河口砂含量约为60%。沿岸的沉积物以跃移组分为主,悬移组分含量低;砂/泥比值最大,黏土/粉砂比值最小,水动力强度和扰动性最强;亲碎屑元素 Si、Na 含量最高,亲黏土元素 Al_2O_3、TFe_2O_3、MgO、Cu、Zn、Ni 等含量最低。碎屑矿物以抗风化能力强的石英为主。

沿岸的外侧海域,水深变大,波浪对于沉积物的掀动效果逐渐减弱,水介质环境向平稳渐变。典型区域是曹妃甸沙坝及黄河三角洲外侧的水下岸坡。离岸越远,跃移组分的含量逐渐降低,悬移组分的含量逐渐升高;黏土/粉砂比值增大,扰动性减弱;亲碎屑元素含量降低,亲黏土元素含量升高;石英含量逐渐减少。

离岸渐远,流速逐渐增大,潮流的作用逐渐凸显。典型区域是曹妃甸南侧的冲刷深槽及沙坝外侧的潮道、黄河三角洲外侧强流区。这些区域由于流速较大,细砂粒级易被起动从而被搬运走,细粒含量显著升高,进而导致亲碎屑元素含量降低,亲黏土元素含量升高;具有片状结构的耐侵蚀云母类矿物增多。曹妃甸海域形成了冲刷深槽和潮沟地貌;黄河三角洲外侧强流区出现了冲蚀沟地貌,部分海区形成以粗粉砂为主要成分的"铁板砂"(常瑞芳等,1999)。

再向外侧,潮流作用略有减弱,顺岸流动的高速潮流携带的物质在离心作用下,在强流区外侧沉降。渤海湾东北部形成了潮流沙脊,并向西延伸至深槽南侧的水下小型沙脊;黄河前三角洲的外缘虽然没有形成沙脊,但形成了数道砂含量略高的砂垅(图4.1-1)。这些区域的沉积物较粗,亲碎屑元素含量升高,亲黏土元素含量降低;石英增多,云母减少。

至渤海湾中部,水深较大,波浪几乎难以产生作用,仅潮流会产生影响。沉积物以粉砂和黏土等悬移组分为主,亲黏土元素含量最高,亲碎屑元素含量最低;普通角闪石显著增多,石英减少。

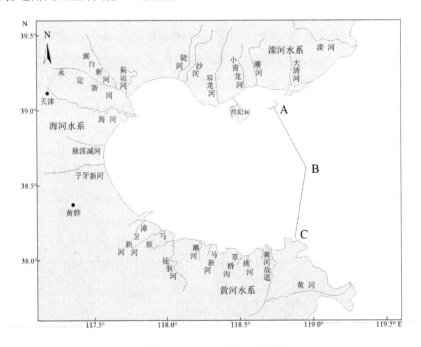

图 7.1-1 沉积特征剖面位置图

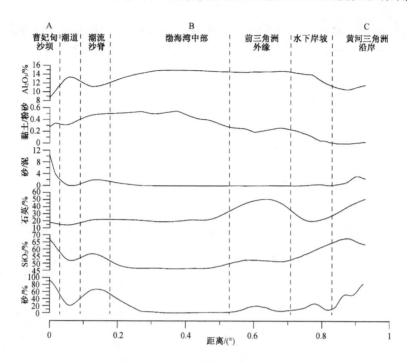

图 7.1-2　沉积特征剖面变化图

7.1.1.2　海洋水文动力与物质输运

（1）波浪的顺岸搬运

在沿岸海域，波浪作用下的沿岸以输沙为主，主要作用于粗粒的跃移组分。波浪向海岸传播的过程中，当波向线和海岸线法向呈一定交角时，在浅化、摩擦等作用下，波浪最终破碎形成沿岸流，沿岸流挟带泥沙形成沿岸输沙（密蓓蓓等，2010）。波浪作用下的沿岸输沙示意如图 7.1-3 所示。

渤海湾北部的常浪向为 S、SE 向，强浪向为 ENE、NE 向，来自现代滦河及古滦河三角洲的沿岸物质在波浪的作用下向西搬运；在渤海湾的整个北部沿岸，沉积物与滦河物源相似，粒度较粗，石英含量低，长石含量高，矿物成熟度低。

渤海湾南岸的常浪向为 NE、SE 向，强浪向为 NE 向，来自黄河口及现代黄河三角洲的沿岸物质在波浪的作用下向西搬运，渤海湾西南部沉积物较粗，具有与黄河物源相似的矿物组合特征，矿物成熟度较高。

渤海湾西岸常浪向和强浪向均为 E、ENE 向，浪向几乎垂直于海岸，波浪在渤海湾西部的湾顶发生辐散从而扰动较弱，海河口以北的"湾中湾"地貌最为显著，沿岸输沙运动在西北岸不明显。在独流减河和子牙新河的河口沿岸，沿岸泥沙在 ENE 向浪的作用下向南搬运，IV-1 区(图 5.2-11)高含量的普通角闪石、部分黑云母和赤(褐)铁矿，指示了海河和滦河双重碎屑物源。

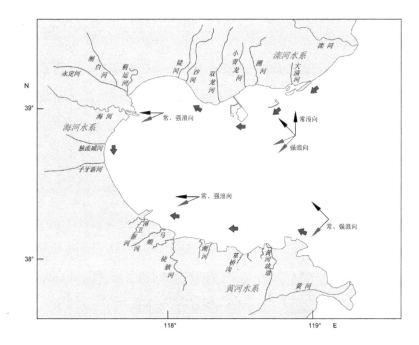

图 7.1-3 波浪作用下的沿岸输沙示意图

(2)潮流对悬移组分的搬运

潮流的搬运主要作用于悬移组分。波浪对于潮流的搬运也起到关键作用，波浪的搅动使难沉降的细粒沉积物悬浮进入水体，然后随潮流的运动搬运。

黄河口潮流为典型的往复流，流向平行于海岸，流向 150°~330°，悬浮泥沙随潮流向 NW 搬运至渤海湾西部，向 SE 搬运至莱州湾西部。黄河口以北的潮余流指向 NW(侍茂崇等，1985)，物质总体上向西北的渤海湾内输送。渤海湾北部的潮流也为往复流，流向为 E-W 向，悬浮泥沙随潮流向西搬运进入渤海湾，向东搬运至渤海中部或辽东湾；因涨潮流占优势，潮余流指向 W(祝贺，2016)，因此，物质总体向西输运进入渤海湾。渤海湾的环流与潮余流的方向大致相同(图 7.1-4)，黄海暖流分支沿渤海湾北岸向西，逆时针运动，黄河水注入形成的沿岸流沿渤海湾南岸向西顺时针运动(赵保仁等，1995)。如此，渤海湾成为了物质的汇集区，在波浪辐散、潮流较弱的渤海湾西部沉积。这与本书通过粒径趋势分析得出的沉积物运移趋势是一致的。前人调查结果显示，西岸的潮间带滩面不断加积增高，永定新河、海河、独流减河、子牙新河主槽、南排河、漳卫新河、马颊河等入海河道普遍淤积(李建芬等,2007)。尤其在渤海湾西北部,"湾中湾"的格局导致其淤积最为严重。

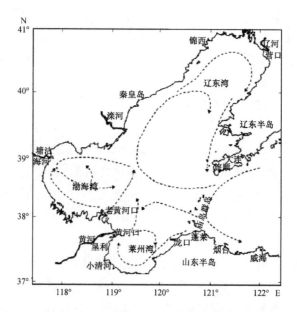

图 7.1-4　渤海环流状况(赵保仁等,1995)

悬浮泥沙的含量与风、浪的强度有直接关系,小浪或无浪时含沙量不大,大浪时含沙量显著增加(褚宏宪等,2016)。渤海湾的大风天气主要集中在春季和冬季,波浪主要是风浪,冬季波高明显高于夏季,因此冬季时波浪的扰动强度更大,近岸海底再悬浮也更强烈。黄河三角洲沿岸冬季时的悬浮物浓度高出夏季几十甚至上百倍(Yang Z. et al.,2011;Wang H. et al.,2014);曹妃甸海域随着风浪增大含沙量剧增,五级风浪时的含沙量是二级风浪的 40 倍以上(褚宏宪等,2016)。李建芬等(2007)根据水体反射率与水体浑浊度之间的关系提取了渤海湾水中悬浮泥沙分布,结果显示渤海湾的南岸悬浮泥沙浓度非常高,曹妃甸两侧海域的悬浮泥沙浓度略高,整体上由岸向海逐渐降低,说明近岸海底被强烈扰动,尤其在冬季最为强烈。冬季大浪是入海沉积物发生再分配的主要因素。

(3) 潮流对跃移组分的搬运

当潮流流速较大时,也会对跃移组分产生搬运,尤其是较易起动的细砂。渤海湾存在两个潮流较强的区域:黄河口附近由于无潮区的存在,在 6～20 m 等深线之间出现强流区,实测最大流速为 1.1 m/s,表层最大流速可达 1.2 cm/s (侍茂崇等,1985);曹妃甸深槽潮流也较强,实测大潮涨潮最大流速 1.24 m/s,

落潮最大流速 0.94 m/s(季荣耀等,2011)。细砂粒级由于起动流速小,潮流流速较大的区域不适宜细砂的存留,沙坝群外侧潮道、曹妃甸深槽、黄河三角洲水下岸坡的外侧,沉积物普遍较细,分选较差,云母含量高,能够适应高流速的侵蚀。细砂颗粒在流速较小的向岸一侧(沿岸、沙坝)或者向海一侧(潮流沙脊、曹妃甸深槽南侧水下小型沙脊、黄河前三角洲的外缘)堆积。潮流作用是这些离岸型粗粒沉积的主要成因(图 7.1-2)。

7.1.1.3　海洋水文动力与岸线演化

沉积物的运移直接影响着岸线变化,近几十年来,随着黄河流域水库的建设和人为调水调沙,黄河物质入海量巨幅锐减,三角洲沿岸不断蚀退,水下岸坡上部也遭受着侵蚀,形成上冲下淤现象,冲淤转换基点的水深可达 10~12 m(吴世迎等,1991)。黄河三角洲是高含沙河流强烈堆积作用下的产物,它改变了局部地形和岸线走向。但这种改变不适应当前水动力状态,突出海岸的黄河三角洲导致波浪辐聚,高能波浪强烈搅动海底沉积物,在高速潮流的作用下,沉积物被不断搬离。前文的研究数据显示,南部近岸海域的黏土粒级近乎缺失,砂/泥比值大于 5,仅留下了粗粒的砂组分。在黄河流域径流锐减的当下,入海物质不足以抵消当前动力下的物质搬运能力,海岸的侵蚀是必然的。

7.1.2　物质来源对现代沉积环境的影响

7.1.2.1　河流物源对现代沉积环境的影响

(1)河流物源的差异性

研究区内有众多河流入海,大型水系主要是黄河、滦河和海河。其中黄河是物质输入最大的河流;滦河其次,但年均输沙量仅为黄河的 1/35;海河最小,年均输沙量约为黄河的 1/40(表 7.1-1)。

表 7.1-1　渤海湾大型河流对比

河流	年平均径流量/亿 m²	年平均输沙量/万 t
黄河	301.10	74 500.00
滦河	48.00	2 100.00
海河	15.62	1 870.00

三条河流的物源差异较大。黄河因流经黄土高原,物源特点是粒度细,碎屑矿物以高含量的云母、赤(褐)铁矿为特征,富含 CaO,成熟度高,化学风化程度高;滦河物源的特点是粒度粗,碎屑矿物以高含量的钛铁矿、石榴石为特征,

CaO 含量低,成熟度低,以物理风化为主;海河的部分支流的上游也流经黄土高原,且下游流经古黄河三角洲,因而与黄河物源较为相似,粒度都较细,且富含 CaO,区别是碎屑矿物中的普通角闪石、绿帘石含量高。

(2) 各河流物源对渤海湾不同海域的影响

渤海湾南部,碎屑重矿物中黑云母、赤(褐)铁矿、石英含量高。黄河流经黄土高原,富含黑云母(林晓彤等,2003),源区经历了强烈的风化作用,矿物成熟度(石英/长石)为研究区最高。频率分布曲线均为单峰,指示单一物源的供给。因子分析中,因子2指示该区 Na、Si、V、Ti、Ca、Mn、Sr 载荷较大。粗粒部分主要沉积在三角洲沿岸的水下岸坡,细粒部分则在波浪和潮流的作用下向外海输运。黄河 Ca/Al 判别函数和物源指数在渤海湾西南部较小,向东北逐渐增大,指示沉积物与黄河物质非常接近,黄河物质影响力自西南向东北逐渐减弱,也指示黄河物质自黄河三角洲向周围辐射扩散。

渤海湾西北部,普通角闪石的含量在所有分区中最高,矿物成熟度(石英/长石)成熟度较黄河矿物区低,赤(褐)铁矿及云母含量也远低于黄河矿物区。该区沉积物较细,类型以粉砂和砂质粉砂为主,频率分布曲线单峰和双峰均有,指示近岸碎屑及平静环境下细粒沉积的双重物源供给。因海河的部分支流也流经黄土高原,黄河 Ca/Al 判别函数较低,无法与黄河物质区分。因子分析中,因子5指示该区的另一特点是以 Pb 为代表的重金属含量偏高,指示海河流域工业污染较为严重。

渤海湾东北部,石榴石、钛铁矿、钾长石和斜长石的含量在整个渤海湾中最高,其中石榴石、钛铁矿是滦河的特征矿物。滦河流程短,以物理风化为主,本区矿物成熟度(石英/长石)平均值为 0.3,成熟度远低于渤海湾南部和西部。沉积物较粗,砂的含量最高,可达 100%,类型有砂、粉砂质砂、砂质粉砂。频率分布曲线均为双峰,指示双重物源的供给。因子分析中,因子2指示东北部 P 和 Ba 载荷较大。黄河 Ca/Al 判别函数和物源指数较大,滦河 Ca/Al 判别函数较小,说明滦河物质的影响力高,向西南逐渐减弱。

渤海湾中部,黄河 Ca/Al 判别函数较小(<0.1),在这里的沉积物中,细粒物质(粉砂和黏土)的含量均超过 90%,却与黄河物源的元素地化属性极为相似,说明以黄河为物源的细粒物质在渤海湾中部仍占据统治性影响力。渤海湾中部的碎屑矿物显示西侧和东侧有较大区别:西侧的子牙新河口及南侧近岸,具有高含量的普通角闪石、一定量的黑云母和赤(褐)铁矿,指示粗粒物质由海河和黄河物源共同供应;东侧的渤海湾中东部,含有一定的石榴石和钛铁矿,也含有一定的黑云母和赤(褐)铁矿,指示粗粒物质由滦河和黄河物源共同供应。

（3）渤海湾各河流物源的贡献特点分析

概率累积曲线指示，跃移和悬移的分界在 $\phi5\sim\phi6$，$<\phi5$ 的粗颗粒以跃移为主，$>\phi6$ 的细颗粒以悬移为主。

砂粒级的粗粒组分为推移质，难以发生长途搬运，各河流入海物质以就近沉积为主：黄河物质中粗粒部分绝大多数沉积在河口水下三角洲及水下岸坡，频率分布曲线的峰位于 $\phi3.0\sim\phi4.0$ 处；滦河物质多沉积在曹妃甸浅滩及曹妃甸深槽的两侧和水下潮流沙脊区，频率分布曲线为双峰，粗峰位于 $\phi1.5\sim\phi2.5$ 处；海河物质主要沉积在海河口沿岸，频率分布曲线为单峰-双峰，粗峰位于 $\phi3.0\sim\phi4.0$ 处。

粉砂和黏土粒级的细粒组分为悬移质，可以在潮流的作用下发生运移。黄河入海沉积物中的碳酸盐含量，在 $>63\ \mu m$ 粗粒级部分较低，为 6% 左右；随着粒度变细，碳酸盐含量逐渐增加，$2\sim4\ \mu m$ 粗粒级的达到 20% 的最高值；至最小的 $<2\ \mu m$ 也为 19% 左右（杨作升等，2009）。渤海湾北部沿岸和东北部，黄河 Ca/Al 判别函数较小，双峰频率分布曲线中的细峰位于 $\phi4\sim6$ 处；渤海湾南部、西部、中部的绝大部分海域，黄河 Ca/Al 判别函数均较小，频率分布曲线的单峰多位于 $\phi6\sim\phi8$ 之间。说明来自黄河的悬浮细粒物质在渤海湾的沉积中占据主导地位，滦河的细粒物质仅局限在渤海湾东北部的小范围海域。

（4）总结

综上，粗粒物质受河流的近源沉积控制，各河流有各不相同的主控碎屑矿物区，粗粒物质的影响能力和范围与入海供给量有关；细粒物质以来自黄河的悬浮物为主要供给，滦河的细粒物质仅局限在渤海湾东北部的小范围海域。

7.1.2.2 沿岸侵蚀物源对现代沉积的影响

1950—1959 年的黄河输沙量高达年均 17.6 亿 t，随着数十个大型水库发电站的建设以及黄土高原水土保持工作的开展等因素，2000—2009 年的年均输沙量已锐减至 3.6 亿 t（穆兴民等，2014）。现代滦河自 20 世纪七八十年代先后修建大黑汀水库、引滦入津及引滦入唐工程，随后滦河的年径流量减少了 61%，年均泥沙净输运量由 1987 年的 $9.76\times10^4\ m^3$ 减少到 1999 年的 $3.44\times10^4\ m^3$（张宁等，2009）。随着河流泥沙供应逐渐减少，沿岸物质正不断遭受侵蚀。沉积物的再悬浮及沿岸搬运是物质侵蚀的主要途径，尤其是在冬、春季节的大风大浪下，沉积物再悬浮强烈。其中尤以南岸的现代黄河三角洲最为剧烈，挑河口至埕北大坝西端的平均侵蚀速率可达 $50\sim150\ m/a$（张士华，2003），黏土粒级已基本缺失。侵蚀自沿岸和水下岸坡的物质被搬运至渤海湾内及外海。

因此,沿岸侵蚀物质已成为本区沉积物的重要来源之一。渤海湾的西岸和南岸均为古黄河入海的三角洲堆积体,沿岸物质与现代黄河物源具有同源性;Ca/Al 判别函数和物源指数指示,渤海湾南部和西部的表层沉积物与黄河物源极为相似。渤海湾北岸则为古滦河自西向东不断改道形成的三角洲堆积体,北岸的沿岸物质与现代滦河物源也具有同源性;Ca/Al 判别函数和物源指数指示,渤海湾北岸及东北部的表层沉积物与滦河物源也较为相似。

7.1.2.3　海洋钙质生物沉积对现代沉积的影响

黄河前三角洲外侧、渤海湾西北岸、黄骅沿岸分布有大量的碳酸盐矿物(含生物碎屑),曹妃甸浅滩后方的潟湖内也含有大量贝壳碎屑。

黄河前三角洲外侧出现大量的生物碎屑,在轻矿物中的占比最高可达 66%,呈包围现代黄河三角洲的条带状分布。黄河三角洲沿岸由于黄河入海,营养丰富、有机物多、饵料充足,为沿海水产动、植物的生长提供了优越的环境。有调查结果显示,海区优势种主要是贝类,其中入海口以南为毛蚶分布区,入海口以北为文蛤、蛏蛏分布区,其余地区则为四角蛤、兰蛤、螺、牡蛎等,海洋生物栖息密度大(丁东,1997)。海洋生物死亡后形成大量的贝壳碎屑,堆积在水下岸坡。

渤海湾西北岸的生物碎屑含量也偏高,在轻矿物中的占比约为 10%。西北岸分布着中国纬度最高的现代活牡蛎礁——汉沽大神堂活牡蛎礁(房恩军等,2007),活牡蛎礁体坐落于海底面之上,表层为互相胶结生长的完整牡蛎壳体,向下转变为壳体碎屑堆积基底,周围无牡蛎礁体发育的区域富含贝壳及碎屑(范昌福等,2010)。漳卫新河—子牙新河口之间的黄骅沿岸,碳酸盐矿物(含生物碎屑)含量也较高,可能与沿岸的现代贝类生长旺盛有关。

曹妃甸沙岛群及内侧潟湖内有孔虫含量丰富,可占粗粒级的 1.5%(李从先等,1983),浅水贝类繁殖旺盛,潟湖内部分沙洲几乎全部为生物外壳。成分 6 在潟湖内 Ca 呈现强载荷,指示了钙质生物沉积较强。

海洋沉积物中的 Ca 有多种来源,一是陆源供给,二是钙质生物碎屑等自生成因。在渤海湾,陆源供给的 Ca 主要来自硅酸盐中的钙及方解石中的钙,而方解石($CaCO_3$)是黄河物源的重要特征矿物(孙白云,1990;李国刚等,1991),自生成因钙主要是钙质生物外壳,以 $CaCO_3$ 为主。Ti 与 CaO 的相关系数为 0.62,相关性明显,指示 CaO 以陆源碎屑供给为主;Ti 与 $CaCO_3$ 的相关系数为 0.35,相关性较弱,指示海洋自生来源的 $CaCO_3$ 形成了一定的影响。

由此可见,渤海湾内现代海洋生物形成的钙质生物沉积是现代沉积中的重要组成部分。

7.1.2.4 海洋自生化学沉积对现代沉积的影响

海洋自生化学沉积以自生黄铁矿为代表。自生黄铁矿的形成环境较为复杂,在本研究区多与由有机质分解导致的局部缺氧环境有关,一般在水深较深、水动力偏弱、有机质富集的细粒沉积区域。

海洋自生化学沉积的影响可以通过元素含量分布发现端倪。在常、微量元素的因子分析中,成分 4 的高得分区位于曹妃甸潟湖-沙坝-水下沙脊区、黄河水下前三角洲的外缘。来自黄河的有机质在沿岸的粗粒区难以存留,堆积在水更深的细粒区;曹妃甸后方潟湖是适宜生物生长的环境,生物软体的死亡加上潟湖内多条河流输入,提供了大量有机质。因此,这些都是有机质富集的区域。

元素的分布显示,TOC、Mn、V 等虽然有在黏土中富集的倾向,但在黄河水下前三角洲的外缘、曹妃甸潟湖-沙坝-水下沙脊区的含量是最高的。Mn 在渤海被看作海洋自生作用的代表性因子(刘建国等,2007)。V 是对氧化还原环境非常敏感的元素,在还原性环境中富集,国内外研究都发现富含有机质的沉积物都富集 V,有机质的富集促进了氧气的消耗,在局部缺氧环境下五价钒被还原,有机质的分解产物与钒离子的络合可发生絮凝沉降(牟保磊,2000)。缺氧环境较强时,Fe^{3+} 被还原为 Fe^{2+},并与 S^{2-} 结合,形成黄铁矿。成分 4 很好地指示了海洋自生化学沉积的作用,并且这种自生化学沉积作用与有机质有着密切关系。

因此,海洋自生化学沉积是现代沉积中的重要部分,在现代沉积环境中产生了重要影响。

7.1.3 人类活动对现代沉积环境的影响

(1)重金属污染

近代由于工业的发展,环渤海湾河口区域部分水质和底泥的环境属中度或严重污染状态(孟伟等,2004),重金属含量严重超标。Pb 在渤海湾中呈现高富集系数(李淑媛等,1992;Qin Y. W. et al.,2012),对因子分析中的成分 5 呈现略强的正载荷。成分 5 的得分在整个渤海湾沿岸都较高,其中在诸多河流的入海口、曹妃甸港、黄骅港、东营港的周围得分最高,指示了由人类工业污染物排放导致的重金属污染对元素分布的影响。

(2)工程建设对海洋水文动力环境的改变

近代由于工业、农渔业、交通运输行业等发展的需求,渤海湾沿岸修建了大量海岸工程。在采集本书的调查资料时,天津港、黄骅港、曹妃甸港已经初具规模,滨州港、东营港正在向外侧扩建堤坝,另外盐田、海水养殖构筑物设施也逐渐增多。渤海湾自 1975 年来逐渐缩小且缩小速率逐渐增快,2010 年的海湾面积比 1975 年减少了 15.73%,除部分入海河口附近存在自然海岸线外,其他海域几乎全部为人工海岸线(张立奎,2012)。

海岸和海底地形的改变,引起了潮流场和海底冲淤的变化。以黄骅港为例,挡沙堤突出于海岸 20 余 km。堤头流速大,潮流动力强,形成局部侵蚀环境,沉积物偏粗,平均粒径约为 $\phi 5$。堤的两侧流速小,潮流动力弱,形成淤积环境,沉积物偏细,平均粒径约为 $\phi 6$。

突堤的建设也对波浪的作用强度产生影响,阻挡了沿岸粗粒物质的沿岸输运。以黄骅港为例,黄骅港突堤两侧的碎屑矿物特征呈现出鲜明的差异。西侧沿岸的石英、云母、阳起透闪石显著减少,并出现了自生黄铁矿。粒径趋势分析指示了指向西侧的波影区的矢量。

因此,海岸工程的建设改变了海岸走向和海底地形,改变了局部海洋水文动力,对渤海湾的现代沉积环境产生了影响。

7.2 渤海湾 5000 年以来沉积环境演化控制因素探讨

7.2.1 古气候变化对沉积环境演化的影响

7.2—6 ka B. P. 为全新世大暖期的鼎盛阶段,为稳定的暖湿阶段,夏季风显著增强,北方降水增加,植被繁茂;6000—5000 a B. P. 是气候波动剧烈、环境较差的阶段,出现强降温事件(施雅风等,1992),此后气候由温暖湿润向偏冷干转变。

5000—4700 a B. P. 期间,气候迅速变冷变干,气温降低,降水减少。Mg/Ca 比值、黄河物源指数和判别函数骤增,黄河径流和泥沙入海量锐减;沉积物粗化;矿物成熟度(石英/长石)增大,稳定指数升高。

4700—4500 a B. P. 期间,气候非常冷干,沉积物粗化,稳定矿物含量最高,Mg/Ca 比值、黄河物源指数和判函系数达到最大值,黄河物源输入量达到 5000 年来最低水平,敏感组分 S1 含量达到 5000 年来最高值。

4500—4300 a B. P. 期间,气候在短短 200 年的时间里变得温暖湿润。细粒物质增多;矿物成熟度(石英/长石)、矿物稳定指数(SM/UM)减小;Mg/Ca 比值、黄河物源指数和判函函数迅速减小。在 4300 a B. P. 最为突出,黄河径流和泥沙入海量骤增,水患频发,自生黄铁矿大量形成,并伴随着高含量的云母。

4200—3000 a B. P. 期间,气候一直保持着相对较为暖湿的阶段。其中,

4200—3600 a B. P. 期间的滦河流域降水量突然增加,滦河物源的特征矿物(磁铁矿、钛铁矿、石榴石等)含量显著增加,黄河物源指数增大。3600—3400 a B. P. 期间,气候出现短暂的冷干,是整体暖湿气候中的小插曲,导致 Mg/Ca 比值偏高,沉积物粗化,自生重晶石大量形成。

3000—2200 a B. P. 期间,气候达到 5000 年来最为暖湿的时期。沉积物逐渐变细,Mg/Ca 比值、石英/长石比值、黄河 Ca/Al 判别函数达到 5000 年来的最小值。这一时期开始,B83 孔中开始出现大量的自生黄铁矿和自生重晶石,生物碎屑的含量显著增加,说明这一时期气候适宜,海洋生产力高,海洋生物生长旺盛。

2200 a B. P. 以后,气候出现波动,整体偏冷干,沉积物逐渐变粗。1300 a B. P. 前后,气候较为冷干,这一时期对应着中国历史上北宋—唐朝时期,沉积物的 Mg/Ca 比值、黄河 Ca/Al 判别函数及物源指数偏大。900 a B. P. 前后,气候较为暖湿,对应着 9—13 世纪的中世纪暖期,沉积物的 Mg/Ca 比值、黄河 Ca/Al 判别函数及物源指数减小。500 a B. P. 前后,气候冷干,对应着 15 世纪后期至 19 世纪末的小冰期,沉积物的 Mg/Ca 比值、黄河 Ca/Al 判别函数及物源指数偏大。

7.2.2 海平面变化对沉积环境演化的影响

全新世以来,随着冰期末冰后期初气候的迅速变暖,海平面急剧上升,12.4 ka B. P. 海水已淹没了现今黄海−50 m 的地区(赵希涛等,1979)。9—8 ka B. P. 时期海水进入渤海,在 7 ka B. P. 前后,相对海平面变化带达到现代海面的高度,6 ka B. P. 达到海侵最大范围(周江等,2007)。6 ka B. P. 以来海平面表现为波动下的整体下降,高度变化介于−2～1 m 之间(李建芬等,2015)。

5000—4700 a B. P. 间发生海退,与在 5500 a B. P. 前后发生在苏联远东地区、日本北部沿海(杨达源,1988)的应为同一次海退事件。B83 孔沉积物的 Fe/Mn 比值增大,并于 4700 a B. P. 达到最大,此期间对应着降温事件。

4700—3000 a B. P. 期间发生了一次海侵过程,与杨子赓等(1978)在埕宁隆起的钻孔中发现的形成于 5000—3500 a B. P. 的海相沉积层应为同一事件。4700—4000 a B. P. 期间,Fe/Mn 比值减小,并于 4000 a B. P. 达到最小,对应着气候的快速暖湿;4000—3000 a B. P. 期间,B83 孔沉积物的 Fe/Mn 比值增大,并于 3000 a B. P. 达到最大,其中 3600—3300 a B. P. 期间的海平面迅速下降可能导致了自生重晶石的形成。

2000 a B. P. 前后,海平面出现短期上升,高善明等(1984)在渤海湾北岸发现了战国、西汉文化遗址被海相层所覆盖的一次规模较小的海平面上升波动。B83 孔沉积物的 Fe/Mn 比值略有增大。2200—1400 a B.P. 期间的自生重晶石形成期可能受此影响。

最近 1000 年里,由近代人类活动导致的全球气候变暖和海平面上升使得 B83 孔沉积物的 Fe/Mn 比值略有增大。

可见,5000 年以来的两次主要海侵事件,均在渤海湾海域留下了沉积记录,影响了元素的含量变化。气候的冷暖变化与海平面的升降具有统一性。

7.2.3 历史黄河改道对沉积环境演化的影响

自 5000a B.P 以来,黄河虽然频繁改道,但在 3000 年内一直在渤海西岸摆动,后来大的改道事件有 4 次:602 B.C. 改道岐口,A.D. 11 改道垦利;1128 年改道苏北;1855 年改道垦利。纵观前文的研究可以看出,除了 1128 年的人为改道事件外,其余几次黄河改道都发生在气候由干冷向暖湿快速转变的时期:602 B.C. 改道岐口和 A.D. 11 改道垦利,对应着 1000—850 a B.C. 的冷期结束后的转暖;1855 年改道垦利对应着 16—19 世纪的小冰期结束后的转暖。在暖湿气候下,河流输沙量增大导致河道堵塞可能是黄河改道的重要原因之一。

2000 a B.P. 是一个时间节点,2000 a B.P. 之后,石英/长石比值显著增大,物源指数整体偏小,黄河 Ca/Al 判别函数在气候向偏冷干演变的背景下仍保持较低的水平,指示了黄河改道垦利入海后黄河物源变近产生的影响。

900 a B.P. 后磁铁矿有所增加,云母有所减少,可能是 1128 年黄河改道苏北的反映。

已有研究结果认为,黄河自 5000 a B.P—602 B.C. 均在渤海西岸入海(Qiao S. et al.,2011),但 B83 孔沉积物在 4.3 ka B.P. 时,云母大量突然出现(轻矿物中占比 35%,重矿物中占比 15%),且随后几乎消失。而当时渤海西岸的岸线在今天津一带,距 B83 孔的距离非常远,这似乎难以解释。前人对考古资料进行研究后认为,黄河在这一时期分流,沿太行东麓北流,至今石家庄附近分开禹贡河、山经河,至今天津附近注入渤海(任美锷,2002)。本书推测在 4.3 ka B.P. 的洪水时期,黄河曾改道或多流路入海。

7.3 渤海湾现代沉积环境及古沉积环境演化控制因素小结

通过对渤海湾表层沉积物与柱状样沉积物的粒度、碎屑矿物和元素含量及相关替代性指标的分析,揭示渤海湾现代沉积和古沉积环境演化的规律和控制因素如下。

（1）粗粒沉积物受河流的近源沉积控制，滦河碎屑的影响能力并不弱，略次于黄河，海河碎屑的影响范围较小，仅局限于入海口周边。来自黄河的悬浮物为渤海湾细粒物质的主要供给，黄河的物源影响力自西南向东北逐渐减弱；滦河的物源贡献仅局限在渤海湾东北部的小范围海域。现今河流输沙量锐减，侵蚀自沿岸和水下岸坡的物质已成为渤海湾沉积物的重要来源。海洋钙质生物沉积和自生化学沉积也是现代沉积中的重要组成部分。

（2）海洋水文动力控制着入海沉积物的运移和再分配，塑造了渤海湾现代沉积的格局。近岸高能沉积环境下的沉积物以跃移组分为主，悬移组分含量低；抗风化能力强的石英含量高；亲碎屑元素 Si、Na 含量最高；亲黏土元素 Al_2O_3、TFe_2O_3、MgO、Cu、Zn、Ni 等含量最低。向外海随水深变深，水介质动力强度减弱，环境向平稳转变，跃移组分的含量逐渐降低，悬移组分逐渐增多；石英含量逐渐降低；亲碎屑元素含量降低，亲黏土元素含量升高。波浪主导了沿岸跃移组分的顺岸搬运；潮流主导了悬移组分和强流区的跃移组分的输运，导致了离岸砂体的形成。在潮余流和环流作用下，渤海湾成为物质的汇集区，在波浪辐散、潮流较弱的渤海湾西部沉积。

（3）人类活动对渤海湾现代沉积环境产生了影响，一方面造成了以 Pb 为代表的重金属污染，另一方面海岸工程改变了海岸走向和海底地形，进而改变了海洋水文动力状况，影响了沉积物的运移再分配。

（4）古气候的冷暖干湿变化是渤海湾 5000 年以来沉积环境演变的主导控制因素，它与海平面变化、氧化还原环境变迁、物源变化有着显著的内在联系。黄河改道事件对古沉积的物质组成产生了一定影响。

第8章　结语

8.1　结论

　　本书基于中国近海海洋综合调查在渤海湾采集的表层沉积物和在渤海湾中部泥质区采集的柱状样沉积物,研究渤海湾现代沉积特征及 5000 年以来的沉积环境演化。基于表层沉积物的粒度、矿物,以及常、微量元素等指标,分析现代沉积特征的空间分布规律并探讨其控制因素,揭示与物源输入、沉积动力、物质输运的关系。以柱状样有孔虫 AMS ^{14}C 测年建立年代框架,分析柱状沉积物的粒度、矿物,以及常、微量元素特征的变化规律,通过替代性指标探索沉积记录与古气候冷暖干湿变化、物源变化、氧化还原环境变迁、海平面变化及岸线变迁的响应关系,揭示 5000 年以来的气候和沉积环境演化过程。得到的结论和认识如下。

　　(1)粒度和碎屑矿物特征的研究结果表明,粗粒物质受河流的近源沉积控制,各河流有各自的主控碎屑矿物区。滦河碎屑的影响能力并不弱,仅次于黄河,海河碎屑的影响范围较小,仅局限于入海口周边。渤海湾可划分为 4 个碎屑矿物主分区:Ⅰ黄河矿物区,优势矿物组合为黑云母-普通角闪石-赤(褐)铁矿-绿帘石,物源指示矿物为高含量的黑云母、赤(褐)铁矿;Ⅱ海河矿物区,优势矿物组合为普通角闪石-绿帘石-(斜)黝帘石-石榴石,物源指示矿物为高含量的普通角闪石;Ⅲ滦河矿物区,优势矿物组合为普通角闪石-绿帘石-石榴石-钛铁矿,物源指示矿物为高含量的石榴石、钛铁矿;Ⅳ渤海湾中部矿物区,优势矿物组合为普通角闪石-绿帘石-石榴石-钛铁矿。各主分区又根据沉积动力或物源差异分为数个亚区。

　　(2)粒度和元素地球化学指数的研究结果表明,细粒物质以来自黄河的悬浮物为主要供给,黄河对整个渤海湾的绝大部分海域(尤其是渤海湾南部、西部和中部)的物源占据绝对优势地位,影响力自西南向东北逐渐减弱。来自滦河的细粒物质仅局限在渤海湾东北部的小范围海域。

（3）海洋水文动力控制着入海沉积物的运移和再分配，塑造了渤海湾现代沉积的格局。近岸高能沉积环境下的沉积物以跃移组分为主，悬移组分含量低；抗风化能力强的石英含量高；亲碎屑元素 Si、Na 的含量最高；亲黏土元素 Al_2O_3、TFe_2O_3、MgO、Cu、Zn、Ni 等的含量最低。向外海随水深变深，水介质动力强度减弱，环境向平稳转变，跃移组分的含量逐渐减少，悬移组分逐渐增多；石英含量逐渐降低；亲碎屑元素含量降低，亲黏土元素含量升高。波浪主导了沿岸跃移组分的顺岸搬运；潮流主导了悬移组分和强流区跃移组分的输运，导致了离岸砂体的形成。在潮余流和环流作用下，渤海湾成为物质的汇集区，在波浪辐散、潮流较弱的渤海湾西部沉积。

（4）现代沉积以陆源碎屑沉积为主，海洋钙质生物沉积、自生化学沉积和人类活动也发挥了重要作用。常、微量元素的因子分析分离出 6 个主成分：成分 1 表征了沉积物粒度大小的主导控制作用；成分 2 指示了黄河和滦河物源之间的元素差异；成分 3 指示了以曹妃甸深槽为代表的潮流主导下的沉积物蚀淤和再分配作用；成分 4 指示了由有机质富集导致的海洋自生化学沉积；成分 5 指示了由人类工业活动导致的河流重金属污染的影响；成分 6 指示了沙坝内侧潟湖（海洋钙质生物沉积）与外侧的水下岸坡（陆源碎屑沉积）在物源上的差异。

（5）以 AMS ^{14}C 测年建立年代框架，恢复了 5000 年以来渤海湾古气候温湿变化和沉积环境演化史。5000—4700 a B. P. 期间的气候快速向冷干转变，海平面下降，并在 4700—4500 a B. P. 阶段处于冷干阶段。4500—4300 a B. P. 阶段，在短短 200 年的时间里，气候快速向暖湿转变，海平面上升，并出现缺氧事件。4300—2200 a B. P. 期间的气候整体较为温暖湿润，其中在 4300—3500 a B. P. 阶段，滦河流域降水显著增加；在 3500—3200 a B. P. 阶段出现短期的冷干事件；3000—2800 a B. P. 阶段出现持续约 200 年的极端暖湿事件。2200 a B. P. 以后，气候出现波动，整体向冷干发展。1800 a B. P. 前后，气候偏暖湿；1300 a B. P. 前后，气候偏冷干；900 a B. P. 前后，气候又偏暖湿。

（6）古气候的冷暖干湿变化是渤海湾 5000 年以来沉积环境演变的主导控制因素，它与海平面变化、氧化还原环境变迁、物源变化有着显著的内在联系。黄河改道事件对古沉积的物质组成产生了一定影响。

8.2 不足与展望

由于受到资料精度、分析测试数据误差及编著人知识水平等的影响，本书中仍有较多的不足之处,有待于进一步完善。

（1）由于用于样品分析测试的取样精度有限,2600 a B. P. 之后的分辨率较低,仅把握住了大趋势,没有指示出细微的气候和环境变化,下一步需搜集邻近海域的高分辨率钻孔进行对比分析。

（2）由于海河上游部分支流也流经黄土高原,下游流经古黄河三角洲,渤海湾西北部的沉积物与黄河物源仅在碎屑矿物上表现出了些许差异,而在粒度和元素上较为相似,细粒物质的影响没能把海河与黄河区分开来。

（3）用于表层沉积物元素地球化学分析测试的 Zr、Co 等元素出现了一定的仪器误差,虽然在本书的研究中摘除了这些元素,但仍可能存在一定影响。这也警示了在今后的科学研究中应最大程度地减少测量误差。

参考文献

[1] Bond G, Showers W, Cheseby M, et al. A Pervasive Millennial-Scale Cycle in North Atlantic Holocene and Glacial Climates[J]. Science, 1997, 278(14):1257-1266.

[2] Carrion J S. Patterns and processes of Late Quaternary environmental change in a montane region of southwestern Europe[J]. Quaternary Science Reviews, 2002, 21(18): 2047-2066.

[3] Chen T, Yu K, Li S, et al. Anomalous Ba/Ca signals associated with low temperature stresses in Porites corals from Daya Bay, northern South China Sea[J]. Journal of Environmental Sciences(China), 2011, 23(9):1452-1459.

[4] Cosford J, Qing H, Eglington B, et al. East Asian monsoon variability since the Mid-Holocene recorded in a high-resolution, absolute-dated aragonite speleothem from eastern China[J]. Earth & Planetary Science Letters, 2008, 275(3):296-307.

[5] Devine S B, Ferrell R E, Billings G K. A quantitative X-ray diffraction technique applied to fine-grained sediments of the deep Gulf of Mexico[J]. Journal of Sedimentary Research, 1972, (2):468-475.

[6] Doyle L J, Carder K L, Steward R G. The hydraulic equivalence of mica[J]. Journal of Sedimentary Petrology, 1983, 53(2):643-648.

[7] Drysdale R, Zanchetta G, Hellstrom J, et al. Late Holocene drought responsible for the collapse of Old World civilizations is recorded in an Italian cave flowstone[J]. Geology, 2006, 34(2):101-104.

[8] Duan L, Song J, Xu Y, et al. The distribution, enrichment and source of potential harmful elements in surface sediments of Bohai Bay, North China[J]. Journal of Hazardous Materials, 2010, 183(1):155-164.

[9] Eggins S, Deckker P D, Marshall J. Mg/Ca variation in planktonic foraminifera tests: implications for reconstructing palaeo-seawater temperature and habitat migration[J]. Earth & Planetary Science Letters, 2003, 212(3-4):291-306.

[10] Folk R L, Andrews P, Lewis D W. Detrital sedimentary rock classification and nomenclature for use in New Zealand[J]. New Zealand Journal of Geology & Geophysics, 1970, 13(4):937-968.

[11] Gao S, Collins M B. Analysis of Grain Size Trends, for Defining Sediment Transport

Pathways in Marine Environments[J]. Journal of Coastal Research, 1994, 10(1): 70-78.

[12] Gao X, Chen C A. Heavy metal pollution status in surface sediments of the coastal Bohai Bay[J]. Water Research, 2012, 46(6):1901-1911.

[13] Gao X, Yang Y, Wang C. Geochemistry of organic carbon and nitrogen in surface sediments of coastal Bohai Bay inferred from their ratios and stable isotopic signatures. [J]. Marine Pollution Bulletin, 2012, 64(6):1148.

[14] Hardt B, Rowe H D, Springer G S, et al. The seasonality of east central North American precipitation based on three coeval Holocene speleothems from southern West Virginia[J]. Earth & Planetary Science Letters, 2010, 295(3-4):342-348.

[15] Hu B, Li G, Li J, et al. Spatial distribution and ecotoxicological risk assessment of heavy metals in surface sediments of the southern Bohai Bay, China[J]. Environ Sci Pollut Res Int, 2013, 20(6):4099-4110.

[16] Jiang Y, Li L F, Kang H, et al. A remote sensing analysis of coastline change along the bohai bay muddy coast in the past 130 years[J]. Remote Sensing for Land & Resources, 2003, 15(4):54-58.

[17] Jin Z D, Wu Y, Zhang X, et al. Role of late glacial to mid-Holocene climate in catchment weathering in the central Tibetan Plateau[J]. Quaternary Research, 2005, 63(2):161-170.

[18] Lamb H H. Climate: present, past and future [M]. London: Methuen and Co. Ltd. , 1972.

[19] Mclennan S M. Weathering and Global Denudation[J]. Journal of Geology, 1993, 101(2):295-303.

[20] Mcmanus J. Grain size determination and interpretation[Z]. Blackwell Scientific Publications, 1988.

[21] Meng W, Qin Y, Zheng B, et al. Heavy metal pollution in Tianjin Bohai Bay, China [J]. Journal of Environmental Sciences, 2008, 20(7):814-819.

[22] Morford J L, Emerson S. The geochemistry of redox sensitive trace metals in sediments[J]. Geochimica et Cosmochimica Acta, 1999, 63(11-12):1735-1750.

[23] Nisson T. The pleistocene :Geology and life in the quaternary ice age[M]. Berlin: Springer Netherlands, 1983.

[24] Qiao S, Shi X, Saito Y, et al. Sedimentary records of natural and artificial Huanghe (Yellow River) channel shifts during the Holocene in the southern Bohai Sea[J]. Continental Shelf Research, 2011, 31(13):1336-1342.

[25] Qin Y W, Zheng B H, Li X B, et al. Impact of coastal exploitation on the heavy metal contents in the sediment of Bohai Bay[J]. Environmental Science, 2012, 33(7):2359.

[26] Sadekov A, Eggins S M, Deckker P D, et al. Surface and subsurface seawater temperature reconstruction using Mg/Ca microanalysis of planktonic foraminifera Globigerinoides ruber, Globigerinoides sacculifer, and Pulleniatina obliquiloculata[J]. Paleoceanography, 2009, 24(3):371-377.

[27] Scholz F, Neumann T. Trace element diagenesis in pyrite-rich sediments of the Achterwasser lagoon, SW Baltic Sea[J]. Marine Chemistry, 2007, 107(4):516-532.

[28] Thompson L G, Mosley-Thompson E, Davis M E, et al. Kilimanjaro ice core records: evidence of holocene climate change in tropical Africa[J]. Science, 2002, 298(5593): 589-593.

[29] Thomson J, Nixon S, Croudace I W, et al. Redox-sensitive element uptake in northeast Atlantic Ocean sediments[J]. Earth & Planetary Science Letters, 2001, 184(2): 535-547.

[30] Tian L, Pei Y, Shang Z, et al. Elements characteristics of the suspended component in surface sediments from the west Bohai Bay and the provenance implication[J]. Marine Geology & Quaternary Geology, 2010, 30(1):9-16.

[31] Wang H, Wang A, Bi N, et al. Seasonal distribution of suspended sediment in the Bohai Sea, China[J]. Continental Shelf Research, 2014, 90:17-32.

[32] Wang W L, Blum P, Boulay S, et al. Mineralogy and Sedimentology of Pleistocene Sediment in the South China Sea (ODP Site 1144)[J]. Proceedings of the Ocean Drilling Program Scientific Results, 2003, 184.

[33] Wang X, Miao X. Weathering history indicated by the luminescence emissions in Chinese loess and paleosol[J]. Quaternary Science Reviews, 2006, 25(13-14):1719-1726.

[34] Wu W, Liu T. Possible role of the "Holocene Event 3" on the collapse of Neolithic Cultures around the Central Plain of China[J]. Quaternary International, 2004, 117 (1):153-166.

[35] Xu Y Y, Song J M, Duan L Q, et al. Environmental geochemistry reflected by rare earth elements in Bohai Bay (North China) core sediments[J]. Journal of Environmental Monitoring Jem, 2010, 12(8):1547-1555.

[36] Yang Z, Ji Y, Bi N, et al. Sediment transport off the Huanghe (Yellow River) delta and in the adjacent Bohai Sea in winter and seasonal comparison[J]. Estuarine Coastal & Shelf Science, 2011, 93(3):173-181.

[37] Yu L, Frank O. A Multivariate Mixing Model for Identifying Sediment Source from Magnetic Measurements[J]. Quaternary Research, 1989, 32(2):168-181.

[38] Zhan S, Peng S, Liu C, et al. Spatial and Temporal Variations of Heavy Metals in Surface Sediments in Bohai Bay, North China[J]. Bull Environ Contam Toxicol, 2010, 84(4):482-487.

［39］ Zhang Y, Gao X. Rare earth elements in surface sediments of a marine coast under heavy anthropogenic influence：The Bohai Bay, China［J］. Estuarine, Coastal and Shelf Science，2015，164(C)：86-93.

［40］ Zhang Y, Gao X, Arthur Chen C T. Rare earth elements in intertidal sediments of Bohai Bay, China：concentration, fractionation and the influence of sediment texture［J］. Ecotoxicology & Environmental Safety，2014，105(1)：72-79.

［41］ Zheng G, Peng L, Tao G, et al. Remote sensing analysis of Bohai Bay West Coast shoreline changes［C］//IEEE. Proceedings 2011 IEEE International Coference on Spatial Data Mining and Geographical Knowledge Services. Fuzhou, 2011.

［42］ Zhu A L, Wu J, Xu Z, et al. Coastline movement and change along the Bohai Sea from 1987 to 2012［J］. Journal of Applied Remote Sensing，2014，8(1)：5230-5237.

［43］ 白大鹏. 冀东南堡海区潮流动力地貌及灾害地质研究［D］.青岛：中国海洋大学，2011.

［44］ 白大鹏，赵铁虎，李绍全，等. 渤海湾南堡海域潮流动力地貌特征［J］. 海洋地质与第四纪地质，2011，31(3)：23-30.

［45］ 白玉川，杨艳静，王靖雯. 渤海湾海岸古气候环境及其对海岸变迁的影响［J］. 水利水运工程学报，2011，(4)：18-26.

［46］ 曾方明，刘向军，叶秀深，等. 青海湖种羊场风成沉积的常量元素组成及其化学风化指示［J］. 盐湖研究，2015，23(1)：1-7.

［47］ 常瑞芳，崔青，欧素英. 黄河口水下三角洲海底冲蚀沟发育的动力机制探讨［J］. 海洋学报(中文版)，1999，21(3)：90-97.

［48］ 陈江军，洪汉烈，刘钊，等. 西藏改则盆地渐新世-中中新世沉积物中矿物组合特征及其对气候的指示意义［J］. 岩石矿物学杂志，2015，34(3)：393-404.

［49］ 陈金霞，石学法，乔淑卿. 渤海地区全新世孢粉序列及古环境演化［J］. 海洋学报(中文版)，2012，34(3)：99-105.

［50］ 陈文文. 渤海湾北部 5000 年以来环境变化及其背景［D］.青岛：中国海洋大学，2009.

［51］ 陈永强. 我国典型西风区全新世湖泊沉积物中砷元素对气候环境演变的响应——以新疆巴里坤湖为例［D］.广州：华南师范大学，2016.

［52］ 陈永胜，李建芬，王福，等. 渤海湾西岸现代岸线钻孔记录的全新世沉积环境与相对海面变化［J］. 吉林大学学报(地球科学版)，2016，46(2)：499-517.

［53］ 陈雨孙. 滦河改道与冀东平原的形成［J］. 工程勘察，1982，(5)：37-43.

［54］ 初凤友，陈丽蓉，申顺喜，等. 南黄海自生黄铁矿成因及其环境指示意义［J］. 海洋与湖沼，1995，26(3)：227-233.

［55］ 褚宏宪，方中华，史慧杰，等. 曹妃甸海底深槽斜坡稳定性分析与评价［J］. 海洋工程，2016，34(3)：114-122.

［56］ 褚宏宪，史慧杰，宗欣，等. 渤海湾曹妃甸深槽海区地形地貌特征及控制因素［J］. 海洋科学，2016，40(3)：128-137.

[57] 崔建新,周尚哲. 4000a 前中国洪水与文化的探讨[J]. 兰州大学学报,2003,39(3):
94-97.

[58] 邓娅敏. 河套盆地西部高砷地下水系统中的地球化学过程研究[D]. 武汉:中国地质大
学,2008.

[59] 丁东. 黄河三角洲贝类资源的环境地质研究[J]. 海洋地质动态,1997(4):4-6.

[60] 杜瑞芝,刘国贤. 渤海湾现代沉积速率和沉积过程[J]. 海洋地质与第四纪地质,1990
(3):15-22.

[61] 范昌福,李建芬,王宏,等. 渤海湾西北岸大吴庄牡蛎礁测年与古环境变化[J]. 地质
调查与研究,2005,28(2):124-129.

[62] 范昌福,裴艳东,田立柱,等. 渤海湾西部浅海区活牡蛎礁调查结果及资源保护建议
[J]. 地质通报,2010(5):660-667.

[63] 范昌福,裴艳东,王宏,等. 渤海湾西北岸埋藏牡蛎礁体中的壳体形态与沉积环境
[J]. 第四纪研究,2007,27(5):806-813.

[64] 范昌福,王宏,李建芬,等. 渤海湾西北岸牡蛎礁体对区域性构造活动与水动型海面
变化的响应[J]. 第四纪研究,2005,25(2):235-244.

[65] 范昌福,王宏,裴艳东,等. 渤海湾西北岸滨海湖埋藏牡蛎礁古生态环境[J]. 海洋地
质与第四纪地质,2008,28(1):33-41.

[66] 范德江,孙效功,杨作升,等. 沉积物物源定量识别的非线性规划模型——以东海陆
架北部表层沉积物物源识别为例[J]. 沉积学报,2002,20(1):30-33.

[67] 方晶,王宏,王福,等. 渤海湾西北岸埋藏牡蛎礁礁顶上下沉积物中硅藻对"礁泥转
换"古沉积环境的重建[J]. 沉积学报,2012(5):879-890.

[68] 房恩军,李雯雯,于杰. 渤海湾活牡蛎礁(Oyster reef)及可持续利用[J]. 现代渔业信
息,2007(11):12-14.

[69] 冯秀丽,魏飞,刘杰,等. 渤海湾西部表层沉积物粒度及黏土矿物特征分析[J]. 海洋
科学,2015(8):70-77.

[70] 高迪,邢嘉明. 环境变迁[M]. 北京:海洋出版社,1981.

[71] 高善明. 全新世滦河三角洲相和沉积模式[J]. 地理学报,1981,36(3):303-314.

[72] 高善明,李元芳. 渤海湾北岸距今 2000 年的海面波动[J]. 海洋学报(中文版),1984,
6(1):43-51.

[73] 高玉巧,刘立. 渤海湾贝壳堤研究现状及意义[J]. 海洋地质动态,2003,19(5):7-9.

[74] 耿秀山,李善为,徐孝诗,等. 渤海海底地貌类型及其区域组合特征[J]. 海洋与湖沼,
1983,14(2):128-137.

[75] 耿岩. 渤海湾北部潮流沙脊的形态与粒度特征[D]. 长春:吉林大学,2009.

[76] 宫少军,秦志亮,叶思源,等. 黄河三角洲 ZK5 钻孔沉积物地球化学特征及其沉积环
境[J]. 沉积学报,2014,32(5):855-862.

[77] 广州地理研究所,黄镇国. 珠江三角洲形成发育演变[M]. 广州:科学普及出版社广州

分社，1982. 93-94.

[78] 韩宗珠，衣伟虹，李敏，等. 渤海湾北部沉积物重矿物特征及物源分析[J]. 中国海洋大学学报(自然科学版)，2013，43(4):73-79.

[79] 韩宗珠，张军强，邹昊，等. 渤海湾北部底质沉积物中黏土矿物组成与物源研究[J]. 中国海洋大学学报(自然科学版)，2011，41(11):95-102.

[80] 何起祥，李绍全，刘健. 海洋碎屑沉积物的分类[J]. 海洋地质与第四纪地质，2002(1):115-121.

[81] 和钟铧，刘招君，郭巍. 柴达木盆地北缘大煤沟剖面重矿物分析及其地质意义[J]. 世界地质，2001，20(3):279-284，312.

[82] 洪业汤，洪冰，林庆华，等. 过去5000年西太平洋副热带高压活动的泥炭纤维素碳同位素记录[J]. 第四纪研究，2003，23(5):485-492.

[83] 洪业汤，姜洪波，陶发祥，等. 近5ka温度的金川泥炭δ~(18)O记录[J]. 中国科学(D辑:地球科学)，1997(6):525-530.

[84] 侯庆志. 渤海湾连片开发对于海岸滩涂动力环境及演变过程的影响研究[D]. 南京:南京师范大学，2013.

[85] 胡邦琦. 中国东部陆架海泥质沉积区的物源识别及其环境记录[D]. 青岛:中国海洋大学，2010.

[86] 胡春宏，王涛. 黄河口海洋动力特性与泥沙的输移扩散[J]. 泥沙研究，1996(4):1-10.

[87] 黄成彦，孔昭宸，闵隆瑞，等. 北京颐和园昆明湖底沉积物对3000余年来自然环境变化的反映[J]. 海洋地质与第四纪地质，1994(2):39-46.

[88] 黄镇国. 华南晚更新世以来的海平面变化[M]. 北京:海洋出版社，1986. 178-194.

[89] 季荣耀，陆永军，左利钦. 渤海湾曹妃甸深槽形成机制及稳定性分析[J]. 地理学报，2011，66(3):348-355.

[90] 贾建军，高抒，薛允传. 图解法与矩法沉积物粒度参数的对比[J]. 海洋与湖沼，2002(6):577-582.

[91] 贾艳杰. 海平面变化、黄河改道与贝壳堤发育的对应关系[J]. 天津师大学报(自然科学版)，1996(4):59-62.

[92] 贾玉连，柯贤坤，许叶华，等. 渤海湾曹妃甸沙坝-泻湖海岸沉积物搬运趋势[J]. 海洋科学，1999(3):56-59.

[93] 姜义，李建芬，康慧，等. 渤海湾西岸近百年来海岸线变迁遥感分析[J]. 国土资源遥感，2003(4):54-58.

[94] 孔庆祥，金秉福，刘春暖. 莱州浅滩表层沉积物重矿物分布特征及物源识别[J]. 海洋科学，2014(12):86-93.

[95] 蓝先洪，李日辉，王中波，等. 渤海西部表层沉积物的地球化学记录[J]. 海洋地质与第四纪地质，2017，37(3):75-85.

[96] 黎刚，孙祝友. 曹妃甸老龙沟动力地貌体系及演化[J]. 海洋地质与第四纪地质，

2011，31(1)：11-19.

[97] 李从先，陈刚，王利. 滦河废弃三角洲和砂坝——泻湖沉积体系[J]. 沉积学报，1983
(2)：60-72.

[98] 李国刚，秦蕴珊. 中国近海细粒级沉积物中的方解石分布、成因及其地质意义[J]. 海
洋学报，1991，13(3)：381-386.

[99] 李建芬，康慧，王宏，等. 渤海湾西岸海岸带现代地质作用及影响因素分析[J]. 地质
调查与研究，2007，30(4)：295-301.

[100] 李建芬，商志文，姜兴钰，等. 渤海湾沿岸贝壳堤对潮滩有孔虫海面变化指示意义的
影响[J]. 地质通报，2016，35(10)：1578-1583.

[101] 李建芬，商志文，王福，等. 渤海湾西岸全新世海面变化[J]. 第四纪研究，2015，35
(2)：243-264.

[102] 李静，梁杏，毛绪美，等. 水化学揭示的弱透水层孔隙水演化特征及其古气候指示意
义[J]. 地球科学(中国地质大学学报)，2012(3)：612-620.

[103] 李淑媛，郝静. 渤海湾及其附近海域沉积物中 Cu,Pb,Zn,Cd 环境背景值的研究[J].
海洋与湖沼，1992(1)：39-48.

[104] 李小艳，石学法，程振波，等. 渤海莱州湾表层沉积物中底栖有孔虫分布特征及其环
境意义[J]. 微体古生物学报，2010(1)：38-44.

[105] 廖永杰，范德江，刘明，等. 1855 年黄河改道事件在渤海的沉积记录[J]. 中国海洋
大学学报(自然科学版)，2015，45(2)：88-100.

[106] 林晓彤，李巍然，时振波. 黄河物源碎屑沉积物的重矿物特征[J]. 海洋地质与第四
纪地质，2003，23(3)：17-21.

[107] 刘兵，徐备，孟祥英，等. 塔里木板块新元古代地层化学蚀变指数研究及其意义[J].
岩石学报，2007(7)：1664-1670.

[108] 刘建国. 全新世渤海泥质区的沉积物物质组成特征及其环境意义[D].青岛：中国科
学院海洋研究所，2007.

[109] 刘建国，李安春，陈木宏，等. 全新世渤海泥质沉积物地球化学特征[J]. 地球化学，
2007，36(6)：559-568.

[110] 刘宪斌，李孟沙，梁梦宇，等. 曹妃甸近岸海域表层沉积物粒度特征及其沉积环境
[J]. 矿物岩石地球化学通报，2016，35(3)：507-514.

[111] 刘宪斌，朱琳，李海明. 天津古贝壳堤、牡蛎滩的沉积特征及其环境意义[J]. 地学前
缘，2005(2)：178.

[112] 刘英俊. 元素地球化学[M].北京：科学出版社，1984.

[113] 卢连战，史正涛. 沉积物粒度参数内涵及计算方法的解析[J]. 环境科学与管理，
2010(6)：54-60.

[114] 陆永军，左利钦，季荣耀，等. 渤海湾曹妃甸港区开发对水动力泥沙环境的影响[J].
水科学进展，2007(6)：793-800.

[115] 马妍妍. 现代黄河三角洲海岸带环境演变[D]. 青岛:中国海洋大学,2008.

[116] 孟伟,雷坤,郑丙辉,等. 渤海湾西岸潮间带现代沉积速率研究[J]. 海洋学报(中文版),2005,27(3):67-72.

[117] 孟伟,刘征涛,范薇. 渤海主要河口污染特征研究[J]. 环境科学研究,2004,17(6):66-69.

[118] 密蓓蓓,阎军,庄丽华,等. 现代黄河口地形地貌特征及冲淤变化[J]. 海洋地质与第四纪地质,2010(3):31-38.

[119] 牟保磊. 元素地球化学[M]. 北京:北京大学出版社,2000.

[120] 穆兴民,王万忠,高鹏,等. 黄河泥沙变化研究现状与问题[J]. 人民黄河,2014(12):1-7.

[121] 倪建宇,潘建明,扈传昱,等. 南海表层沉积物中生物钡的分布特征及其与初级生产力的关系[J]. 地球化学,2006(6):615-622.

[122] 裴艳东,Hus J,田立柱 等. 渤海湾西岸 CH500 孔磁性地层年代研究[J]. 海洋地质与第四纪地质,2016(4):19-28.

[123] 任美锷. 4280 a B. P. 太行山大地震与大禹治水后(4070 a B. P.)的黄河下游河道[J]. 地理科学,2002(5):543-545.

[124] 商志文,田立柱,范昌福,等. 渤海湾 4.2ka 事件初步研究[J]. 地质通报,2016,35(10):1614-1621.

[125] 商志文,田立柱,李建芬,等. 渤海湾西岸 CH114 孔全新世沉积环境演化与海陆作用[J]. 海洋通报,2013(5):527-534.

[126] 商志文,田立柱,王宏,等. 渤海湾西北部 CH19 孔全新统硅藻组合、年代学与古环境[J]. 地质通报,2010,29(5):675-681.

[127] 盛晶瑾. 渤海湾西北部晚更新世以来沉积物稀土元素特征及物源意义[D]. 长春:吉林大学,2010.

[128] 师长兴. 现代黄河三角洲沉积演化与形成机理研究[J]. 地理研究,1989(1):99-100.

[129] 施建堂. 渤海湾西部的现代沉积[J]. 海洋通报,1987(1):22-26.

[130] 施雅风,孔昭宸,王苏民,等. 中国全新世大暖期的气候波动与重要事件[J]. 中国科学 B 辑,1992(12):1300-1308.

[131] 史威,马春梅,朱诚,等. 太湖地区多剖面地层学分析与良渚期环境事件[J]. 地理研究,2008,27(5):1129-1138.

[132] 侍茂崇,赵进平. 黄河三角洲半日潮无潮区位置及水文特征分析[J]. 山东海洋学院院报,1985,15(1):127-136.

[133] 宋竑霖,匡翠萍,梁慧迪,等. 港口工程建设对渤海湾西南岸水沙动力环境的影响[J]. 同济大学学报(自然科学版),2017(4):511-518.

[134] 苏盛伟,商志文,王福,等. 渤海湾全新世贝壳堤:时空分布和海面变化标志点[J].

地质通报，2011，30(9)：1382-1395.

[135] 孙白云. 黄河、长江和珠江三角洲沉积物中碎屑矿物的组合特征[J]. 海洋地质与第四纪地质，1990(3)：23-34.

[136] 孙百顺，左书华，谢华亮，等. 近 40 年来渤海湾岸线变化及影响分析[J]. 华东师范大学学报(自然科学版)，2017(4)：139-148.

[137] 孙连成. 渤海湾西部海域波浪特征分析[J]. 黄渤海海洋，1991(3)：50-58.

[138] 孙晓宇，吕婷婷，高义，等. 2000—2010 年渤海湾岸线变迁及驱动力分析[J]. 资源科学，2014，36(2)：413-419.

[139] 孙有斌，高抒，李军. 边缘海陆源物质中环境敏感粒度组分的初步分析[J]. 科学通报，2003，48(1)：83-86.

[140] 陶常飞. 曹妃甸浅滩海洋工程地质特征及插桩深度研究[D]. 青岛：中国海洋大学，2008.

[141] 天津市海岸带和海涂资源综合调查领导小组办公室. 天津市海岸带和海涂资源综合调查报告[M]. 北京：海洋出版社，1987.

[142] 王安龙. 渤海湾西北部海岸岸滩特征分析[J]. 水道港口，1986(3)：31-38.

[143] 王国平，刘景双，翟正丽. 沼泽沉积剖面特征元素比值及其环境意义—盐碱化指标及气候干湿变化[J]. 地理科学，2005，25(3)：335-339.

[144] 王海峰. 渤海湾西北岸空港埋藏牡蛎礁古环境及与全球变化的响应[D]. 北京：中国地质大学，2012.

[145] 王海峰，裴艳东，刘会敏，等. 渤海湾全新世牡蛎礁：时空分布和海面变化标志点[J]. 地质通报，2011，30(9)：1396-1404.

[146] 王宏. 渤海湾全新世贝壳堤和牡蛎礁的古环境[J]. 第四纪研究，1996(1)：71-79.

[147] 王宏，陈永胜，田立柱，等. 渤海湾全新世贝壳堤与牡蛎礁：古气候与海面变化[J]. 地质通报，2011，30(9)：1405-1411.

[148] 王宏，范昌福，李建芬，等. 渤海湾西北岸全新世牡蛎礁研究概述[J]. 地质通报，2006，25(3)：315-331.

[149] 王宏，李凤林，张玉发，等. 渤海湾贝壳堤的另一种成因[J]. 第四纪研究，2000，20(5)：488.

[150] 王宏，李建芬，裴艳东，等. 渤海湾西岸海岸带第四纪地质研究成果概述[J]. 地质调查与研究，2011，34(2)：81-97.

[151] 王宏，张金起，张玉发，等. 渤海湾西岸的第一道贝壳堤的年代学研究及 1 千年来的岸线变化[J]. 海洋地质与第四纪地质，2000(2)：7-14.

[152] 王宏，张玉发，张金起，等. 渤海湾西岸第二道贝壳堤的细分及其年龄序列[J]. 地球学报，2000，21(3)：320-327.

[153] 王靖泰，汪品先. 中国东部晚更新世以来海面升降与气候变化的关系[J]. 地理学报，1980，35(4)：299-312.

[154] 王开发, 张玉兰, 叶志华, 等. 根据孢粉分析推断上海地区近六千年以来的气候变迁[J]. 大气科学, 1978, 2(2):139-144.

[155] 王凯. 南堡—曹妃甸海域工程地质特征及桩基适宜性研究[D]. 青岛:中国海洋大学, 2010.

[156] 王昆山, 石学法, 李珍, 等. 东海DGKS9617岩心重矿物及自生黄铁矿记录[J]. 海洋地质与第四纪地质, 2005(4):45-49.

[157] 王琦, 曹立华, 杨作升, 等. 黄河水下三角洲的动力沉积特征[J]. 中国科学(B辑 化学 生命科学 地学), 1991(6):659-665.

[158] 王强. 渤海湾西岸第四纪海相及海陆过渡相介形虫化石群及古地理[J]. 海洋地质研究, 1982(3):36-46.

[159] 王强, 李凤林. 渤海湾西岸第四纪海陆变迁[J]. 海洋地质与第四纪地质, 1983(4):83-89.

[160] 王强, 袁桂邦, 张熟, 等. 渤海湾西岸贝壳堤堆积与海陆相互作用[J]. 第四纪研究, 2007, 27(5):775-786.

[161] 王艳, 柯贤坤, 贾玉连, 等. 渤海湾曹妃甸80年代以来海岸剖面变化研究[J]. 海洋通报, 1999, 18(1):43-51.

[162] 王艳君. 海河尾闾沉积物特征分析兼与黄河尾闾沉积物比较[D]. 烟台:鲁东大学, 2017.

[163] 王月霄, 刘国宝. 河北省曹妃甸岛群现代沉积特征及开发利用[J]. 河北省科学院学报, 1995, 12(2):13-19.

[164] 王中波, 杨守业, 李日辉, 等. 黄河水系沉积物碎屑矿物组成及沉积动力环境约束[J]. 海洋地质与第四纪地质, 2010, 30(4):73-85.

[165] 魏飞. 渤海湾西部表层沉积物粒度和黏土矿物特征及物源分析[D]. 青岛:中国海洋大学, 2013.

[166] 吴忱, 胡镜荣, 王子惠. 全新世中期渤海湾西岸的海侵[J]. 海洋通报, 1982(6):26-31.

[167] 吴世迎, 申宪忠, 臧启运, 等. 黄河三角洲五号桩海区泥沙冲淤变化的初步研究[J]. 海洋与海岸带开发, 1991(4):57-63.

[168] 吴永红. 湖泊沉积物Mg/Ca作为气候代用指标的局限性[J]. 安庆师范学院学报(自然科学版), 2016, 22(3):102-105.

[169] 武羡慧, 刘清泗. 渤海湾海岸贝壳堤发育的新构造背景[J]. 阴山学刊, 1995(S1):37-42.

[170] 肖嗣荣, 李庆辰, 张稳, 等. 河北沿海全新世海侵与岸线变迁探讨[J]. 地理学与国土研究, 1997, 13(2):48-53.

[171] 徐家声. 渤海湾黄骅沿海贝壳堤与海平面变化[J]. 海洋学报(中文版), 1994(1):68-77.

[172] 许昆明，邹文彬，司靖宇. 南海越南上升流区沉积物中溶解氧、锰和铁的垂直分布特征[J]. 热带海洋学报，2010(5)：56-64.

[173] 薛春汀. 7000 年来渤海西岸、南岸海岸线变迁[J]. 地理科学，2009，29(2)：217-222.

[174] 闫新兴，霍吉亮. 河北曹妃甸近海区地貌与沉积特征分析[J]. 水道港口，2007，28(3)：164-168.

[175] 阎玉忠，王宏，李凤林，等. 渤海湾西岸 BQ1 孔揭示的沉积环境与海面波动[J]. 地质通报，2006，25(3)：357-382.

[176] 杨达源. 论中全新世的一次海面下落[J]. 黄渤海海洋，1988(1)：24-30.

[177] 杨伟. 现代黄河三角洲海岸线变迁及滩涂演化[J]. 海洋地质前沿，2012(7)：17-23.

[178] 杨子赓. 对五千年前低温事件的探讨[J]. 第四纪研究，1989，8(1)：151-159.

[179] 杨子赓，李幼军，丁秋玲，等. 试论河北平原东部第四纪地质几个基本问题[J]. 石家庄经济学院学报，1978(3)：1-23.

[180] 杨作升，孙宝喜，沈渭铨. 黄河口毗邻海域细粒级沉积物特征及沉积物入海后的运移[J]. 中国海洋大学学报(自然科学版)，1985，15(S2)：121-129.

[181] 杨作升，王海成，乔淑卿. 黄河与长江入海沉积物中碳酸盐含量和矿物颗粒形态特征及影响因素[J]. 海洋与湖沼，2009，40(6)：674-681.

[182] 杨作升，王兆祥，瞿建忠，等. 黄河三角州沿岸及相邻渤海海域碳酸盐研究(英文)[J]. 青岛海洋大学学报，1989(3)：91-99.

[183] 杨作升，赵晓辉，乔淑卿，等. 长江和黄河入海沉积物不同粒级中长石/石英比值及化学风化程度评价[J]. 中国海洋大学学报(自然科学版)，2008，38(2)：244-250.

[184] 袁宝印，邓成龙，吕金波，等. 北京平原晚第四纪堆积期与史前大洪水[J]. 第四纪研究，2002(5)：474-482.

[185] 岳军，Dong Yue，张宝华，等. 渤海湾西岸的几道贝壳堤[J]. 地质学报，2012，86(3)：522-534.

[186] 岳军，Dong Yue，张宝华，等. 渤海湾西北岸的几道牡蛎礁[J]. 地质学报，2012，86(8)：1175-1187.

[187] 岳军，张宝华，牟林，等. 渤海湾西岸几种地球化学的环境指标[J]. 地质学报，2011，85(7)：1239-1250.

[188] 恽才兴. 渤海湾典型岸段近岸过程研究[J]. 中国工程科学，2001(3)：42-51.

[189] 张爱滨，刘明，廖永杰，等. 黄河沉积物向渤海湾扩散的沉积地球化学示踪[J]. 海洋科学进展，2015(2)：246-256.

[190] 张春良，沈玉林，秦勇，等. 崖南凹陷 Y1 井崖城组泥岩微量元素特征及地质意义[J]. 高校地质学报，2016，22(3)：512-518.

[191] 张洪涛. 中国东部海区及邻域地质地球物理系列图[M]. 北京：海洋出版社，2011.

[192] 张立奎. 渤海湾海岸带环境演变及控制因素研究[D]. 青岛：中国海洋大学，2012.

[193] 张连杰. 文登近岸海域表层沉积物特征及物源分析[D]. 青岛：中国海洋大学，2015.

[194] 张宁,殷勇,潘少明,等. 渤海湾曹妃甸潮汐汊道系统的现代沉积作用[J]. 海洋地质与第四纪地质,2009(6):25-34.

[195] 张忍顺. 渤海湾淤泥质海岸潮汐汊道的发育过程[J]. 地理学报,1995(6):506-513.

[196] 张忍顺,李坤平. 滦河三角洲海岸潮汐汊道——潮盆体系的演变[J]. 海洋工程,1996(4):46-53.

[197] 张士华. 黄河三角洲岸线变迁和保护措施的研究[J]. 海洋科学,2003(10):38-41.

[198] 张义丰,李凤新. 黄河、滦河三角洲的物质组成及其来源[J]. 海洋科学,1983(3):15-18.

[199] 赵保仁,庄国文,曹德明,等. 渤海的环流、潮余流及其对沉积物分布的影响[J]. 海洋与湖沼,1995(5):466-473.

[200] 赵红格,刘池洋. 物源分析方法及研究进展[J]. 沉积学报,2003,21(3):409-415.

[201] 赵希涛,耿秀山,张景文. 中国东部20000年来的海平面变化[J]. 海洋学报(中文版),1979(2):269-281.

[202] 赵希涛,张景文. 中国沿海全新世海面变化的基本特征[J]. 中国第四纪研究,1985(2):104-109.

[203] 赵希涛,张景文,焦文强,等. 渤海湾西岸的贝壳堤[J]. 科学通报,1980(6):279-281.

[204] 赵一阳. 中国海大陆架沉积物地球化学的若干模式[J]. 地质科学,1983(4):307-314.

[205] 赵一阳,鄢明才. 中国浅海沉积物地球化学[M].北京:科学出版社,1994.

[206] 中国科学院海洋研究所海洋地质研究室. 渤海地质[M]. 北京:科学出版社,1985.

[207] 周江,庄振业,王姣姣,等. 莱州湾东岸沿海平原区全新世主要地质事件[J]. 海洋湖沼通报,2007(2):26-33.

[208] 朱纯,潘建明,卢冰,等. 长江、老黄河口及东海陆架沉积有机质物源指标及有机碳的沉积环境[J]. 海洋学研究,2005,23(3):36-46.

[209] 朱大奎,王颖. 渤海曹妃甸深水港动力地貌研究[C]//中国地理学会. 中国地理学会2007年学术年会论文摘要集. 南京,2007.

[210] 朱高儒,许学工. 渤海湾西北岸1974~2010年逐年填海造陆进程分析[J]. 地理科学,2012,32(8):1006-1012.

[211] 祝贺. 曹妃甸近岸海区沉积物特征研究[D]. 烟台:鲁东大学,2016.

[212] 祝贺,衣华鹏,孙志高,等. 曹妃甸近岸及周边海区碎屑矿物组成特征及其环境意义[J]. 海洋科学,2016,40(8):76-83.

[213] 庄振业,许卫东,李学伦. 渤海南岸6000年来的岸线演变[J]. 青岛海洋大学学报,1991(2):99-110.

[214] 邹建军,石学法,李双林. 北黄海浅表层沉积物微量元素的分布及其早期成岩作用探讨[J]. 海洋地质与第四纪地质,2007(3):43-50.